3

CONTENTS

PART 2

實踐！提高代謝！
酵素飲食生活

PART 3

有豐富的酵素！
鮮榨果汁食譜

PART 1

變得苗條又漂亮！遠離疾病的
酵素和代謝的基本

本書的使用方法

＊材料的分量為標示的人數份。
＊計量的單位為：1杯＝200ml，1大匙＝15ml，1小匙＝5ml。
＊果汁食譜為了方便大家可以用慢磨機或果汁機來製作，記載著各自的分量。香蕉和酪梨僅記載使用果汁機的分量。
＊果汁項目會標示出使用慢磨機的分量比例。P.62～65只使用果汁機，所以只標示出使用果汁機的分量比例。請做為和其他食材組合時的參考。

PART 1

變得苗條又漂亮！遠離疾病的

酵素和
代謝的基本

近來備受矚目的「酵素」是什麼？
酵素又會為我們的身體帶來什麼樣的影響呢？
就從了解提高代謝的機制開始吧！

什麼是酵素？

最近經常聽到據稱對減肥、美容、健康都有效的「酵素」。

酵素到底是什麼？

讓我們來好好地探索一下吧！

次於維生素、礦物質、植化素的「第9營養素」

人體裡存在著2萬種以上不同的「酵素」。這些酵素被包覆在稱為蛋白質的殼中，是人體中必定存在的生命力。不管是呼吸、閉眼、活動手腳，還是內臟的運作，如果沒有酵素，這一切都無法作用。此外，就如酵素被稱為是次於碳水

化合物、脂質、蛋白質、維生素、礦物質、食物纖維、水、植化素（蔬菜或水果中具有抗氧化作用的色素或辣味成分）的「第9營養素」一般，目前已知它是人類生存時不可欠缺的營養成分了。

酵素一不足，
代謝就會降低，
成為容易肥胖的體質

酵素有存在於人體中的「潛在酵素」和從外部攝取進來的「食物酵素」。潛在酵素的作用大致分為「消化」和「代謝」，分別稱為「消化酵素」與「代謝酵素」。因為潛在酵素在體內只能生成固定的量，一旦因為年齡增長、不規則的生活習慣或飲食習慣而將消化酵素浪費掉時，代謝酵素也會跟著減少。結果就是代謝降低，成為招來各種疾病或肥胖的原因。

酵素的種類

酵素

體內的酵素
是有限度的！

潛在酵素

消化酵素
（食物的消化）

在消化器官內分泌，幫助吃進去的食物進行消化，有助於營養的順利吸收。例如，碳水化合物會連結葡萄糖的形成，而把它切斷後就可幫助消化。老是吃難以消化的東西，就會白白浪費掉消化酵素。

過度攝取不好消化的東西，消化酵素就會漸漸減少！

代謝酵素
（生命活動）

消化後，將被腸壁吸收的營養轉變成能量。具有提高免疫力、治療疾病、調整神經和荷爾蒙的平衡、促進代謝等效果。當消化酵素被大量使用時，代謝酵素也會跟著減少；只要節約使用消化酵素，代謝酵素就會增加。

食物酵素

存在於生鮮食物（水果、生菜、生的肉類和魚類等）的酵素。藉由從外部攝取食物酵素，就能避免潛在酵素的浪費使用。任何酵素只要超過48℃就會死亡，所以生食是最好的。

酵素僅存在於生鮮蔬果、生的肉類和魚類等之中！

COLUMN	體內的酵素終身只有固定的量？

身體中的潛在酵素，一生只有固定的量，而一日的生產量也是固定的。隨著年齡的增加，酵素會逐漸減少。就和提取存款一樣，越是浪費使用就會變得越少，伴隨而來的是代謝降低，招致各種疾病。

酵素量（縱軸） 年齡（橫軸）

節約消化酵素，以增加代謝酵素

體內的潛在酵素，會在每次必要時進行作用。蛋白質攝取過度或是只吃加熱食物的偏頗飲食，會使得消化酵素被大量使用，代謝酵素也會跟著減少。因此，想要增加代謝酵素，節約使用消化酵素就非常重要。為了達到這個目的，就要有意識地攝取容易消化、富含酵素的生鮮食物。這樣做不僅可以提高代謝，漂亮地瘦下來，而提高免疫力也能期待治癒疾病的效果。

增加代謝酵素的構造

過度攝食需加熱的加工食品・油炸零嘴

補充生鮮蔬菜或水果
富含的食物酵素

食物
酵素

節約

被使用的 消化酵素

可以用於 代謝 的酵素

很多 !!

潛在酵素

浪費

被使用的 消化酵素

可以用於 代謝 的酵素

很少

瘦身！抗老！恢復健康！

促進肥胖・老化・生病！

COLUMN	從外部攝取食物酵素以促進消化！

消化酵素會因為動物性蛋白質攝取過度或是偏頗於加熱飲食而被浪費使用，使得代謝酵素減少。最好能吃生鮮的蔬菜或水果，從外部補充足夠的食物酵素。食物酵素可促進消化，自然能增加代謝酵素，提高代謝。

低速壓榨果汁和磨泥的蔬菜是最好的！

　　想要從食物中有效地攝取酵素，建議可用低速榨汁機（慢磨機）來製作果汁，或是磨成泥。這樣可以讓生鮮蔬果的細胞膜被破壞，大量增加酵素而活性化。由於果汁機的轉速過快，會使得細胞完全破壞掉，所以低速（1分鐘約40～80轉左右）是最好的。此外，如果充分咀嚼混合唾液，就會產生名為澱粉酶的消化酵素，所以建議各位細嚼慢嚥。還有，芽菜類或發酵食品等食物也有助於酵素補給。

低速壓榨＆磨泥的效用

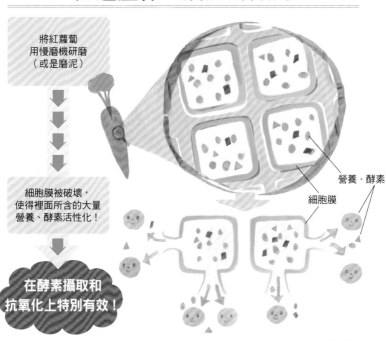

將紅蘿蔔用慢磨機研磨（或是磨泥）

細胞膜被破壞，使得裡面所含的大量營養、酵素活性化！

在酵素攝取和抗氧化上特別有效！

營養・酵素

細胞膜

COLUMN	蔬果汁可預防阿茲海默症！

目前已知一周飲用3次以上的蔬果汁，可以將阿茲海默症的發病風險降低76％。如果使用慢磨機的話，還能更充分吸收植化素及酵素，可以說更具效果。

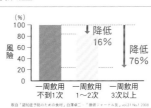

（%）
100
80
60
40
20
0

風險

↓降低 16%
降低 76%

一周飲用不到1次　一周飲用1～2次　一周飲用3次以上

取自「認知症予防のための食材」白澤卓二・「德研ジャーナル友」vol.31 No.1 2008

酵素不足檢驗

你最近是否容易疲倦，總覺得有哪裡不舒服呢？先來重新評估自己的身體狀況、飲食內容和生活習慣吧！

重新評估身體狀況面、飲食面及生活習慣，確認自己是否酵素不足

目前已知身體狀況欠佳或是生病的最大原因就是因為酵素不足。正因為酵素是支持生命活動的物質，所以當酵素不足時，代謝和免疫力就會低下，引起各種不適或疾病。先重新評估自己的身體狀況、飲食及生活習慣，確認一下酵素是否不足，然後留心採取酵素充足的飲食。

身體狀況檢驗　Physical Condition

確認最近的身體狀況。如果有多項符合的狀況，就是酵素不足。

- ☐ 容易疲倦、慵懶
- ☐ 疲倦不易消除
- ☐ 頭痛、頭沉
- ☐ 提不起勁
- ☐ 有頭暈或耳鳴
- ☐ 餐後就想睡覺
- ☐ 排便或放屁很臭
- ☐ 眼睛下方有黑眼圈
- ☐ 容易便秘、下痢
- ☐ 身體關節疼痛
- ☐ 有虛冷或浮腫
- ☐ 皮膚粗糙或皮膚搔癢

- ☐ 覺得肩膀僵硬或腰痛
- ☐ 尿色深、有臭味
- ☐ 排尿不順
- ☐ 年齡不大卻多白髮
- ☐ 經常乾咳
- ☐ 手腳冰冷
- ☐ 腳經常抽筋
- ☐ 經常打嗝，胃部難受
- ☐ 令人在意的口臭
- ☐ 生理不順或
  生理痛嚴重

想一想最近吃的食物，確認是否酵素不足！

- ☐ 最喜歡吃肉或魚等
- ☐ 吃蔬菜時，
  會用煮或蒸的調理方法
- ☐ 最近幾乎都沒有吃生鮮蔬果
- ☐ 一天飲用超過1瓶寶特瓶（500ml）
  的碳酸飲料或果汁
- ☐ 非常喜歡有很多奶油或
  鮮奶油的料理
- ☐ 早餐以香腸或火腿等
  加工食品的副菜為主
- ☐ 疲倦的時候一定要吃燒肉
- ☐ 消夜經常吃泡麵

- ☐ 午餐的定食，油炸物是基本款
- ☐ 吃魚以烤的或炸的為主
- ☐ 為了健康經常吃糙米
- ☐ 無法不吃油炸零嘴或甜點
- ☐ 午餐大多是碳水化合物較多的
  蓋飯、拉麵

重新評估不自覺中容易出現的生活習慣，以預防酵素不足！

- ☐ 每天都有充分吃早餐
- ☐ 午餐大多在12點以前吃
- ☐ 每天慢跑
- ☐ 習慣吃過晚餐後立刻就寢
- ☐ 喝完酒後一定要來碗拉麵
- ☐ 吃飯時一定要吃到肚子飽
- ☐ 每天上健身房，做激烈的訓練
- ☐ 深夜2點左右才就寢
- ☐ 夜晚只做淋浴
- ☐ 睡眠時間平均3～4小時
- ☐ 下午3點一定會吃甜點

- ☐ 老菸槍（一天50支以上）
- ☐ 睡前酒只喝日本酒或啤酒

會減少代謝酵素？ 什麼原因

想要提高代謝進行瘦身，或是提高免疫力，
重點就在於要將代謝酵素保存起來。
了解會減少代謝酵素的飲食習慣和生活習慣，進行改善吧！

過度攝食加熱食物或加工食品，以及飲食習慣和生活習慣的紊亂，就是酵素不足的原因

既然已經知道身體狀況不佳、容易生病是因為酵素不足所造成的，就來探究其原因吧！一般認為酵素減少的原因，是因為光只吃加熱食物、攝取過多肉或魚等蛋白質、吃太多含有大量食品添加物的加工食品、甜點等

所造成的。此外，錯誤的飲食習慣及生活習慣，也會造成消化酵素大量被消耗。結果就是代謝低下，造成免疫力降低，帶來疾病。不僅如此，代謝降低也會讓人容易肥胖，促進老化。

14

A｜一定要吃到肚子十分飽！

Advice 八分飽也稍嫌太多，最好是六分飽。

B｜不過度飲食

過度飲食會讓胃和腸的消化酵素無端浪費，導致不足，造成代謝低落。就如同「八分飽不用看醫生，六分飽不知何謂老」這句話一般，目前已知少食就是長壽的秘訣，因為少食最節省消化酵素。

A｜晚餐通常在8點前吃完

Advice 最好在晚上8點前用餐完畢

B｜晚餐通常習慣在10點後才吃

我們的身體有適合消化和代謝的時段（詳細請看P34～37）。營養補充和消化的時間在12點～20點，所以在晚上8點前用完餐是最理想的。在這之後才用餐的話，會讓新陳代謝無法正常進行，成為引起疾病的原因。

A 正在減肥中，所以點心就吃和菓子來忍耐。

B 正在減肥中，所以點心就吃水果來忍耐。

A 是 NG!

Advice 白砂糖會讓腸內環境惡化，成為肥胖、疾病的原因！

和菓子的內餡，白砂糖特別多。白砂糖即為蔗糖，不易消化，會讓腸內環境變差，造成活性氧發生，成為黑斑或皺紋的原因！最好儘量避免食用。

A 飲食以肉、魚、蛋等蛋白質為主！

B 飲食就是以蔬菜為主！

A 是 NG!

Advice 嚴禁3大營養素攝取過度！

就算再怎麼愛吃蛋白質，還是嚴禁攝取過度！請儘量改變成以蔬菜為主的飲食生活吧！以生鮮蔬菜為主，偶爾再攝取肉、魚、蛋等蛋白質。

A 因為感到疲倦，今天晚上就吃燒肉吧！

B 因為感到疲倦，所以吃生菜沙拉！

A 是 NG!

Advice 感到疲倦的時候，就該補充酵素！

人們往往認為補充體力就要吃燒肉，其實在疲倦的時候更該攝取富含酵素的生鮮蔬果。過剩的蛋白質反而會為消化帶來負擔，奪走體力。

A 即使在減肥中，還是要攝取適量的油脂

B 減肥中完全不攝取油脂！

B 是 NG!

Advice 要分辨可以攝取的好油和最好避免的油！

有些人在減肥時會極端避免攝取油脂，不過這是非常危險的！因為油脂對身體來說本來就是必需的東西。重點是，攝取時要知道好的油和應該避免的油。

A 主食以雜糧飯為主

B 主食以糙米飯為主

B 是 NG!

Advice 糙米是種子。含有酵素抑制物質，所以要注意炊煮方法！

由於糙米是種子，酵素抑制物質會發揮作用，因此並不是非常好。炊煮的時候請不要用壓力鍋，最好浸泡超過12個小時之後再用砂鍋炊煮。

A 最喜歡火腿、培根、香腸了！

B 最喜歡生魚片、沙拉了！

A 是 NG!

Advice 食物添加物會帶來酵素的浪費！

早餐不可欠缺的火腿、培根、香腸大多含有大量的食品添加物，必須注意。食品添加物會讓酵素無端消耗。

A 每天都要做激烈運動的訓練

B 每天都要走路30分鐘以上

A 是 NG!

Advice 激烈的運動會浪費酵素！

慢跑或上健身房等每天從事激烈運動的人，要注意酵素的浪費。最好的是走路，每天要進行30分鐘以上；可以的話，每天走60分鐘，以1萬步為目標。

A 過度飲食時，就吃白蘿蔔泥

B 過度飲食時，立刻服用市售藥物

For Stomachacke　Stomach Medicine

B 是 NG!

Advice 過度依賴市售藥物，會帶來惡性循環！

胃藥是停止胃部機能的藥。就算是暫時性的好轉，也可能反過來引起消化不良，所以還是以白蘿蔔泥、蘋果泥等來治療吧！

為什麼就可變瘦？變年輕？

代謝提高，

只要改變減少代謝酵素的飲食生活和生活習慣，轉換成酵素飲食生活，代謝就會大幅提高！請確實掌握代謝提高就能瘦身的機制吧！

只要攝取酵素，提高代謝，就能健康地瘦身！

所謂的代謝，就是在體內燃燒每天飲食所攝取的營養素，將其轉變成活動用的熱量。要提高這樣的代謝，就必須讓進入口中的食物順利地消化，以提高營養素的吸收。而可以幫助其運作的，就是酵素。藉由富含酵素

的飲食，可以讓營養素燃燒轉變成熱量，讓消耗作用變得活潑。如此一來，就能有效率地變瘦，成為不容易胖的身體。如果想要瘦身的話，就請不斷地攝取酵素食物吧！

18

用每天每餐的生鮮蔬果來提高代謝

想要提高代謝，就必須要有充足的酵素。因此，每天每餐一定要以生鮮的蔬菜水果為主來攝食。為了減肥，有些人只會注意卡洛里，其實那是錯誤的！不要因為果糖多而不吃水果，比起卡洛里，更需減少脂肪的攝取量，多吃蔬菜和水果。這才是提高代謝的最大重點。

攝取酵素就能瘦身的機制

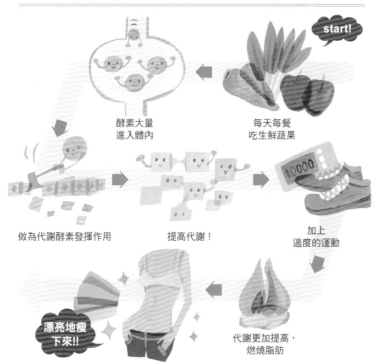

start!

每天每餐
吃生鮮蔬果

酵素大量
進入體內

做為代謝酵素發揮作用

提高代謝！

加上
適度的運動

代謝更加提高，
燃燒脂肪

漂亮地瘦
下來!!

COLUMN	基礎代謝和新陳代謝

所謂基礎代謝，是指維持生命必需的最低限度、在不做任何事的狀態下消耗掉的熱量。不同的年齡和性別，在基礎代謝上也會有所差異。另一方面，新陳代謝則是指身體細胞的再生。提高基礎代謝和新陳代謝，在減肥瘦身上是最有效果的。

只要提高代謝，就能遠離肥胖・老化・疾病！

1 將「黏稠的血液」變成「清澈的血液」！

蛋白質、脂質的攝取過度和年齡增長，容易讓人發生動脈硬化。因為血液黏稠造成動脈硬化所發生的血栓，可以藉由充分攝取酵素來加以溶解，使血液變得清澈。消化順利進行，就會提高代謝，製造出避免血栓發生的「血栓溶解酵素」，有效預防動脈硬化。

2 擊退造成黑斑、皺紋的活性氧！

空氣中的氧氣進入體內後，會轉變成稱為活性氧的物質，若再加上不規律的生活或是紫外線、吸菸過度等，使得脂質氧化，就會成為黑斑或皺紋、鬆弛的原因。若是置之不理，老化就會逐漸進行。請攝取生菜和水果的植化素及酵素，來擊退活性氧吧！

3 讓女性荷爾蒙正常分泌！

女性大部分的不適，就算說都是因為女性荷爾蒙的雌激素減少所造成的也不為過。酵素不足就無法生成雌激素，所以會加速代謝的降低或是脂肪的堆積。請充分攝取酵素，讓女性荷爾蒙正常分泌，提高代謝，朝漂亮的鮮活美人前進吧！

4 讓血液循環變好，徹底消除浮腫！

女性常見的煩惱之一就是「浮腫」。浮腫是因為黏稠的血液等造成血液循環不良，使得水分或老舊廢物堆積在皮膚下面的現象。只要養成攝取充足酵素的飲食習慣，提高代謝，促進血液循環，就可以徹底消除浮腫！對於瘦下半身也有效果，好處多多哦！

5 大幅提升免疫力，也能擊退疾病！！

感冒或癌症等各種疾病的原因就在於免疫力的降低。免疫力是因為代謝活動而產生的身體的一部分，因此只要充分攝取酵素，提高代謝，自然免疫力也會大幅提高。只要免疫力提高，就能創造出可以抵抗病原體等、不被疾病打敗的強健身體了。

Dr.鶴見式飲食菜單

酵素對於減肥和抗老、疾病的治癒等都有效。

何不從今天就試著開始鮮果汁和生菜＆水果等富含酵素的飲食吧！

雖然已經了解酵素的重要性了，但是實際上還是會為了該如何攝取而感到迷惘。首先，就從用蔬菜慢磨機製作的「富含酵素的鮮果汁」開始吧！只要每天早上鮮榨新鮮的蔬菜和水果組合就可以了。剛榨出來的鮮果汁中含有大量的活酵素！因為使用的是慢磨機，所以不會破壞酵素，反而能促使酵素倍增，有效地被攝取至體內。別再吃充足的早餐了，請養成喝一杯鮮果汁的習慣。如果肚子餓了，就吃蘋果或香蕉來填飽肚子吧！

而說到對午餐和晚餐

有效果的食物，還是要多添

加組合生菜和水果的沙拉，

或是拌菜、醋漬食品、納

豆、韓式泡菜等發酵食品。

午餐儘量以清淡的蕎麥麵等

為主，晚餐則採取一般的飲

食，只要多配合酵素食物就

可以了。尤其是醋漬食品或

是發酵食品，更要有意識地

攝取。

　其中要注意的是飲食的

量。不管是午餐或晚餐，只

要是在減肥中，食量都要有

所節制。注意只吃六分飽，

以獲得防老化的效果。

　想要瘦得漂亮、創造出

不被疾病打敗的身體，就要

以充分的酵素食物，讓自己

變成鮮活美人吧！

富含酵素的鮮果汁對身體有益的原因

能夠讓酵素倍增、
進行補給的鮮果汁。
來了解為什麼每天早上喝鮮果汁
對身體有益的原因吧！

2 維生素和植化素豐富，可消除活性氧！

將富含維生素、礦物質，還有色、香、苦味的成分「植化素」的水果和蔬菜鮮榨飲用，可打敗活性氧。

3 水果有70～80%都是水分，排便也順暢！

要整頓腸內環境，水分是必需的。水果有70～80%都是水分，食物纖維也很豐富，所以對消除便秘也有效果！

4 也能減輕造成酵素減少的壓力！

蔬菜和水果中含有豐富的維生素C，有助於壓力的減輕。越是容易累積壓力的人，更建議飲用鮮果汁！

5 早上最能補充營養！

早上補充有即效性的營養，是活力充沛度過一天的秘訣。鮮果汁可以補充足夠的營養和酵素，能讓你變成鮮活美人！

6 食物纖維也很充足，對於便秘、消除疲勞也有效果！

只要組合各種不同的蔬菜和水果，就能均衡地攝取水溶性、非水溶性食物纖維，因此也能改善便秘或疲勞的累積！

1 好消化，酵素力UP！

早餐的重點是要選擇適合身體節奏的食材，避免對消化造成負擔。喝杯能立刻轉變成熱量來源的鮮果汁，酵素力也UP！

3
建議將**蔬菜泥**做成**調味醬**或**湯汁**加以攝取！

將富含酵素的蔬菜泥加入調味醬或是冷湯中，可以增加食用的豐富性。

4
善加攝取**韓式泡菜**或**納豆、生味噌**等**發酵食品**！

進行酵素飲食時，最好將發酵食品和生菜一起攝取。加入生菜沙拉或拌菜中，不但吃得美味，酵素力也更為提升！

5
製作**醃泡菜**或**醋漬食品**等，使**酵素活性化**！

意識性地每天食用醃泡菜或醋漬食品，具有促使體內酵素活性化的效果。不妨製作好放著，積極地攝取吧！

富含酵素的生菜沙拉‧醋漬食品對身體好的原因

午餐、晚餐最好能充分攝取
生菜沙拉和醋漬食品。
善加攝取納豆或韓式泡菜等發酵食品，
更可提高酵素力！

1
每餐積極攝取**生菜**，就能補充**酵素**！

即使打算多吃蔬菜，仍然要避免全部都是加熱食物。只要每餐攝取使用生菜的副菜，同樣能達到補充酵素的效果。

2
只要吃**蔬菜泥**，就能使**酵素活性化**，提高代謝！

正因為是副菜，更可以採用使酵素活性化的「磨泥」菜單。不僅是白蘿蔔和蕪菁，馬鈴薯和甘薯也很建議食用。

你知道有各種不同的消化酵素嗎？

你知道在體內作用的酵素有各種不同的種類嗎？
讓我們來看看吃進去的食物是怎樣被消化、吸收的吧！

消化酵素主要負責消化
碳水化合物、蛋白質、脂質

　　你知道消化從口中就開始了嗎？在口中充分咀嚼食物，澱粉就會被唾液中所含的唾液澱粉酶大致地消化，通過食道送達胃部。在胃的上部先由食物酵素進行預先消化，來到下部後，就由胃蛋白酶和胃酸負責分解、消化蛋白質。此外，藉由胃的蠕動運動，其他成分也會一起攪拌，被消化成黏稠的粥狀物。

在小腸開始真正的消化。
營養被吸收，運送至全身

　　當食物從胃部被送到小腸後，小腸內部和胰臟就會分泌澱粉酶、脂酶、胰蛋白酶等各種消化酵素，將碳水化合物和蛋白質、脂質進行真正的分解、消化。到此為止的消化工程如果順利的話，營養素就會從小腸的微細孔洞被吸收到體內，透過血液運送至全身。然後，身體的新陳代謝和免疫力就能提升，獲得遠離肥胖、老化、疾病的健康身體。

主要的消化酵素種類

器官	酵素	作用
口（唾液腺）	唾液澱粉酶（α-澱粉酶）	進行碳水化合物的大致分解
胃的下部	胃蛋白酶	進行蛋白質的大致分解
	脂酶	可分解脂肪，使其軟化
	凝乳酶	進行乳製品的大致消化
小腸	胺肽酶	將蛋白質轉變成多肽（由許多胺基酸結合肽的化合物）
	二肽酶	將蛋白質轉變成二肽（加水分解後釋出2個胺基酸分子的肽）
	乳糖酶	將乳糖轉變成葡萄糖和半乳糖
	磷酸脂酶	軟化脂肪的磷酸鹽
	麥芽糖酶	將麥芽糖轉變成葡萄糖
	蔗糖酶	將蔗糖轉變成葡萄糖和果糖
胰臟	澱粉酶	將澱粉轉變成葡萄糖
	胰凝乳蛋白酶	分解多肽，轉變成胺基酸
	脂酶	將中性脂肪分解成脂肪酸
	胰蛋白酶	分解多肽，形成胺基酸

PART 2

実踐！提高代謝！

酵素飲食生活

了解酵素和代謝的關係後，馬上就來展開酵素飲食生活吧！
請掌握食材的選擇方法、調理方法、食用方法等
能夠有效吸收酵素的重點吧！

開始展開 酵素飲食生活吧！

實踐篇

酵素食物充足的飲食生活可以帶來瘦身效果、美容效果、健康效果。

何不試著從今天就快快開始吧！

掌握食材的選擇方法、調理方法、食用方法的重點！

要實踐酵素飲食生活，最重要的一點就是選擇食材。由於基本上是使用慢磨機來將生鮮蔬果進行壓榨、磨泥，所以請儘量選擇無農藥、無肥料的食材。除了蔬菜和水果之外，也要積極攝取發酵食品和芽菜類。由於酵素在超過48℃時就會遭到

破壞，所以要儘量減少加熱調理。只不過，雖說生鮮有益，但是極端偏頗的飲食生活還是壓力的來源。也有些蔬菜是加熱後營養素比較好吸收的，所以還是均衡地攝取生食和加熱食物，並且注意食用的順序吧！

28

以生菜和水果為主。無農藥、無肥料栽培的最好

蔬菜和水果在近皮處也含有營養，所以請選擇可以安心地連皮一起吃的無農藥、無肥料蔬菜＆水果。

肉、魚、蛋等動物性蛋白質的攝取要有所節制，改以容易消化的豆漿或豆腐等植物性蛋白質來補充。在碳水化合物方面，雜穀米比白米要好；至於其他，請選擇蕎麥麵、裸麥麵包等。最好經常備有發酵食品。

要避免的 食材 NG!

砂糖

白砂糖的主要成分蔗糖，由於可以不經消化就進入血液中，因此會成為病毒或壞菌的食物，是各種疾病的原因。

肉類或魚類等動物性蛋白質

動物性蛋白質和其他食品比較起來，不僅在消化上需要花費時間，加熱食物更是會對消化造成負擔，造成酵素的浪費使用。

食品添加物

火腿或香腸、魚類或肉類等磨碎加工而成的熟食製品中所含的食品添加物會妨礙酵素的作用，甚至會促使酵素本身變性，提高致癌性。

種子

乾燥黃豆或紅豆、水果的種子、糙米中都含有強力的酵素抑制物質，要注意。一定要浸泡超過12個小時後才進行調理。糙米用壓力鍋調理會釋出丙烯醯胺（致癌性第2位的毒物），須特別注意。

可推薦的 酵素食材 OK!

納豆

除了可攝取到良質的胺基酸之外，也可清血、預防骨質疏鬆。充分攪拌可提高酵素量。

生味噌

生味噌是非加熱型的味噌。因為沒有加熱，所以乳酸菌還是活的。適合加在拌菜、燴菜上。

甜酒

請選擇不用加熱的甜酒。也很推薦用來作為澱粉酶以及能成為營養素的活麴菌等酵素的補充。

水果

水果要選擇新鮮的。尤其是像蘋果之類要連皮一起壓榨的，更要選擇無農藥、無肥料的。

生鮮蔬菜

選擇鮮度佳的蔬菜。尤其建議選擇富含異硫氰酸酯的十字花科蔬菜。

醃泡菜

醃泡的甜椒或小黃瓜等，不但可同時攝取到酵素和乳酸菌，而且利於保存，可以先製作起來存放。

醬菜（韓式泡菜）

醬菜中有豐富的植物性乳酸菌。能夠克服胃酸，活著到達腸子，增加體內的好菌。

COLUMN	十字花科的蔬菜是？

高麗菜／高麗菜芽／櫻桃蘿蔔／蕪菁／白蘿蔔／青花菜／花椰菜／蘿蔔嬰／白菜／青江菜／小松菜／油菜／芝麻菜等。有強力抗氧化作用的異硫氰酸酯可預防癌症！

調理法

調理以「生食」為基本。
採用「醋漬」與「磨泥」

　　含有大量酵素的生鮮蔬菜和水果，只要加熱超過48℃，就會讓酵素死亡，所以調理法的基本是「生食」。除了做成有大量生菜的沙拉、揉鹽後拌菜等調理之外，也很建議磨泥、醋漬。生鮮蔬果經過研磨後，細胞膜會遭到破壞，其中的酵素也會增加數倍；而醋漬則具有促使酵素活性化的作用，每天最好能有一餐攝取。

必須記住的酵素活化調理法

使用慢磨機碾磨

使用慢磨機碾磨後的蔬菜和水果是活酵素的寶庫。也可將香蕉或酪梨等軟質水果用果汁機打成奶昔風（smoothie）。

切碎後用調味料、調味醬拌食

將生菜或水果切成容易食用的大小後，用調味料或調味醬拌食。調味料中可以添加麻油或芝麻糊等來增加風味。

使用研磨器磨泥

果皮附近含有多量的酵素和營養素，所以建議連皮一起磨碎。研磨器以金屬製的為佳。

COLUMN	對身體有益的調味料

醬油
建議使用傳統長期發酵製法的醬油，以及未加熱的生醬油。

油
建議使用α-亞麻酸豐富的亞麻仁油、荏胡麻油、紫蘇油。

甜味
選擇蜂蜜或楓糖漿、羅漢果糖漿等天然的甜味。

鹽
比起以科學方法精製的精鹽，更建議使用天然海鹽、岩鹽等。

味噌
挑選味噌時，最好選擇酵素是活的非加熱生味噌。

芝麻
酵素還活著的水洗芝麻會比炒過的芝麻要好。

＊羅漢果糖漿使用的是有神果之稱的羅漢果萃取精華，是來自於植物的天然甘味料。

3 Point 食用法

「生食」和「加熱食物」的比例為 5比5 或 6比4

有些蔬菜經過加熱調理可以提高營養價值，或是提高營養素的吸收率，攝取到食物纖維，所以請均衡地攝取生食和加熱食物。比例大致為 5 比 5 或 6 比 4。

一個禮拜的大致標準為：肉類 100～200g，魚類 200～300g，蛋 3～4 顆。請注意一天當中不要重覆攝取動物性蛋白質。

生食以外的推薦菜單

燉煮蔬菜 & 炒蔬菜

有些蔬菜經過燉煮或是油炒，可以提高營養素的吸收率。

燙青菜拌芝麻

葉菜類經過川燙後會減少體積，可以吃下較多的量。

海藻類

將礦物質豐富的海藻類快速過個熱水後，加醋食用等。

燙肉片 & 魚貝類

以稍微小火的程度調理。也可以將肉片或魚貝類做成涮涮鍋。

薯類・豆類

將薯類直接蒸熟或水煮後做成沙拉。豆類水煮後做成沙拉。

雜穀・裸麥・蕎麥麵

比起白米，更建議以雜穀飯、裸麥麵包、蕎麥麵等為主食。

請遵守這樣的食用順序！

1 水果・生菜

先吃酵素多的水果。之後再吃生菜。

2 醋拌涼菜・發酵食品
接著吃的是可以攝取到酵素、乳酸菌的醋拌涼菜、發酵食品。

3 食物纖維
選擇有海藻類或菇類、豆類、根菜類的副菜。

4 碳水化合物
建議吃蕎麥麵或雜穀飯。如果是義大利麵或白米，就要節制食量。

5 肉・魚等動物性蛋白質

因為要花最多時間消化，所以請在攝取酵素後再食用。

早・午・晚的酵素飲食挑戰！

開始養成早餐喝鮮果汁，午餐、晚餐吃生菜＆水果的習慣吧！只要將飲食內容改變成生菜和水果，就能一點一點地真實感受到身體的變化。

增加菜單的變化，就是讓酵素飲食生活長久持續下去的秘訣！

既然已經知道基本的食材選擇法、調理法、飲食法，就來即刻實踐吧！先掌握步驟1和步驟2的重點，每天花點心思攝取酵素食物，慢慢地養成習慣。不管是水果還是蔬菜，新鮮都是最重要的，所以想辦法保持新鮮度，並且注意儘早使用

完畢也非常重要。醋漬食品或醃泡菜等可以保存較長時間，有空時可以先大量做好備用，每餐加以攝取，就是持續下去的要領。因為是每天都要做的事，不妨增加鮮果汁、副菜等菜單的變化，以免厭膩。

Step 1 早上要飲用富含酵素的新鮮蔬果汁！

除了蔬菜＋水果之外，不妨也加進水果＋水果、蔬菜＋蔬菜、水果＋豆漿、蔬菜＋豆漿等各種不同的組合。除了為風味和味道賦予特色之外，添加可提高效能的香料，也能增加味道的變化性。

早

蔬菜 ＋ 水果 ＝ 酵素豐富的鮮果汁！

Step 2 午餐吃得清淡，晚餐則吃喜歡的食物！重點是要充分添加生鮮沙拉、醋漬食品、發酵食品！

午餐吃蕎麥麵等清淡食物

建議午餐不要吃白米飯或白麵包，而是要吃容易消化、胺基酸均衡、能夠攝取到食物纖維的蕎麥麵。儘量選擇有添加蔬菜的，像是蘿蔔泥蕎麥麵或山藥泥蕎麥麵等。有附加許多生菜沙拉或醋漬食品的午餐最為理想。

晚餐可以吃喜歡的食物！

晚餐基本上可以吃喜歡的東西，不過一定要有醋漬食品或沙拉。不妨從火鍋料理（蔬菜9：肉、魚1）或烤魚、生魚片、餃子、天婦羅、油炸物、有大量蔬菜的咖哩雜穀飯、燉物、黃豆料理、蛋料理、海藻料理、芝麻拌菜、醋拌涼菜等之中，適當地選擇。

午

白蘿蔔沙拉等

蜂蜜漬白蘿蔔等

蕎麥麵要選擇上面有放蘿蔔泥或山藥泥、海藻之類的。

晚

蔬菜泥濃湯

土佐醋漬番茄

有大量蔬菜的咖哩雜穀飯

為了讓酵素飲食生活習慣化，
必須記住的另一點就是配合生理節奏的
一日生活方式。請循著以下的
時間序列來看看吧！

配合適合消化和代謝
的時間來生活吧！

在1830年代，美國
有一群對於以投藥和手術為
主流的醫學抱持著疑問的醫
師們，編出了一套健康理
論——「自然養生（Natural
Hygiene）」。

就如同早上起床、白天
活動、晚上就寢的基本循環
一樣，人類的生理節奏也有
適合消化和代謝的時段。

凌晨4點～正中午為排
泄時間，正中午～夜晚8點

為營養補充與消化時間，夜
晚8點～第二天凌晨4點為
吸收與代謝時間。一般認為
只要採取配合各時段的飲食
法及生活方式，就能夠提高
代謝和免疫力。

34

相當於排泄時間的這個時段，是排出身體毒素、促進排泄的時間。由於排泄會用到酵素，所以在這個時段不能吃會對消化造成負擔的東西，而是要吃富含酵素的生菜或水果、鮮果汁等。在這個時段有排便的人，可以將夜晚代謝解毒的東西以尿液或糞便排出，因此也可以說是很符合這個生理節奏吧！

AM 4:00～12:00
是排泄的時間。
絕對不可以
大吃一頓！

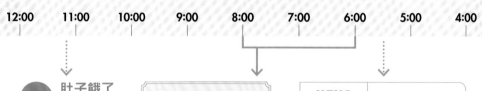

☀ 排泄的時間

| 12:00 | 11:00 | 10:00 | 9:00 | 8:00 | 7:00 | 6:00 | 5:00 | 4:00 |

 **肚子餓了
怎麼辦？**

以香蕉等作為點心

在中午12點前基本上要飲用鮮果汁度過。若是肚子餓了，可以吃香蕉等作為點心。

 **忙碌的
時候呢？**

**只吃生菜、
水果也OK！**

每天忙得沒有時間製作鮮果汁時，只吃生菜和水果也OK。

**飲用早餐的
鮮果汁**

早上起床後，飲用良質的水，並慢慢咀嚼般地飲用剛榨好的鮮果汁。

MEMO

早上還是要早起比較好嗎？

睡不好、早上起不來……有這些情況的人都是因為酵素不足的關係。只要攝取充分的酵素，在晚上12點前睡覺的話，早上起床大概就不會覺得辛苦了吧！早睡早起可以生產酵素，修復身體器官或受損的細胞，建議還是早點起床吧！

過了正中午後，消化能力就會提升。中午前覺得肚子餓，正是早上起床後內臟機能逐漸變好、胃腸覺醒的信號。因為是消化酵素開始活潑作用的時間，如果要攝食，以此時段為最佳。能夠充分消化進入口中的食物，營養素也能好好吸收。碳水化合物和蛋白質都是過了正中午之後再攝取會比較好。晚餐在20點前吃完是重點。

12:00～20:00
是**營養補給**與**消化**的**時間**。
如果要**攝食**，
最好在這個時段。

☀ 營養補給與消化的時間

19:00	18:00	17:00	16:00	15:00	14:00	13:00	12:00

吃晚餐

儘量在18點到20點之間吃晚餐。雜穀飯和烤魚、蘿蔔泥、甜椒和小黃瓜的醃泡菜、茄子和秋葵拌納豆泡菜，就是分量滿點的晚餐。再來一杯白酒就太愉快了。

 Point! 真的肚子餓該怎麼辦？

點心建議吃水果、堅果類

下午3點後還是會肚子餓。可以吃香蕉或核桃、杏仁、水果乾等當作點心。

吃午餐

午餐吃便利超商買來的山藥泥蕎麥麵和海藻沙拉等。先吃昨天買來沒吃完的鳳梨。儘量有意識地攝取酵素。

吸收和代謝的時間，是以在「營養補給和消化的時間」中所吃的食物為基礎，於體內進行新陳代謝，將營養素和酵素運送到全身。由於也是重新製造老舊的細胞，產生新酵素的時間，所以過了20點後，最好就不要再吃東西了。此時段中最重要的是「優質的睡眠」。最晚要在晚上12點之前就寢，儘量確保7～8小時的睡眠時間。

🌙 吸收和代謝的時間

| 3:00 | 2:00 | 1:00 | 0:00 | 23:00 | 22:00 | 21:00 | 20:00 |

MEMO 　最晚晚上12點就要睡覺！

優質的睡眠是提高夜晚的代謝和免疫力的關鍵。若是能夠早睡的話，不妨改成在22點上床睡覺，早上5點起床的生活吧！身體的節奏也會比較規律。

 如果晚餐很晚才吃怎麼辦？

吃很多生菜

工作晚了，實在無法在20點前回到家時，最好一回到家馬上用餐。重點是要先吃比平常更多的酵素充足的生菜沙拉。

 嚴禁吃消夜和飲酒過度

在吸收和代謝的時間吃消夜或是飲酒過度，就會引起消化不良，造成代謝和免疫力下降。請在就寢的3小時前用餐完畢。

早・午・晚＆一星期的 飲食菜單和菜單重點

來製作酵素充足的菜單吧！
要長久持續，秘訣就在於要儘量增加菜單的變化。
每天實踐，應該就能夠掌握到訣竅了！

一天的總攝取熱量大致在1800kcal以下，油脂大約為40～60g

鶴見式的飲食菜單就如在33頁中解說的一般，是以生菜＆水果為主。這樣的飲食生活大致上來說一天都可控制在1800kcal以下。油脂以一天攝取40～60g為理想。晚餐吃肉的話，一星期為2～3次（一餐在80g以下）；吃魚的話，一星期為3～4次（一餐在80g以下）；吃蛋的話，一星期為3～5顆。以此做為大致標準，來組合一個星期的菜單。多添加海藻、豆類、菇類料理也是重點。

Dr.鶴見式飲食菜單 一星期輪值表

	星期日 Sunday	星期一 Monday	星期二 Tuesday	星期三 Wednesday	星期四 Thursday	星期五 Friday	星期六 Saturday
早	●鮮果汁1杯（或是蔬菜泥or水果）	●鮮果汁1杯（或是蔬菜泥or水果）	●鮮果汁1杯（或是蔬菜泥or水果）	●鮮果汁1杯（或是蔬菜泥or水果）	●鮮果汁1杯（或是蔬菜泥or水果）	●鮮果汁1杯（或是蔬菜泥or水果）	●鮮果汁1杯（或是蔬菜泥or水果）
午	●山藥泥蕎麥麵 ●生菜沙拉 ●醋漬食品	●蘿蔔泥蕎麥麵 ●芝麻拌波菜 ●醬菜	●裸麥麵包三明治 ●生菜沙拉 ●醃泡菜	●雜穀飯 ●生菜沙拉 ●醋漬食品	●海帶芽株蕎麥麵 ●生菜沙拉 ●醋漬食品	●野菜泥蕎麥麵 ●茼蒿拌芝麻 ●醬菜	●裸麥麵包三明治 ●生菜沙拉 ●醃泡菜
晚	●豆渣漢堡排（肉在80g以下） ●海藻・豆類料理 ●蔬菜泥濃湯	●生魚片（魚貝類在80g以下） ●生菜沙拉 ●海藻・豆類料理 ●醋漬食品	●蔬菜炒肉（肉在80g以下） ●生菜沙拉 ●菇類料理 ●醬菜	●烤魚（魚在80g以下） ●蘿蔔泥（多量） ●海藻・豆類料理 ●涼拌菠菜	●日式煎蛋捲（蛋1顆分） ●生菜沙拉 ●海藻・豆類料理 ●蔬菜泥濃湯	●醋漬沙丁魚（80g以下） ●生菜沙拉 ●海藻・豆類料理 ●醬菜	●餃子（有大量蔬菜） ●生菜沙拉 ●海藻・豆類料理 ●菇類料理

早餐 BREAKFAST

早餐要充分享用
新鮮蔬菜和水果現榨的鮮果汁

早上起床後，從冰箱裡選擇做為基底的水果和蔬菜。做好材料的預先準備後，放進慢磨機中做成鮮果汁。重點是做好後要儘快飲用。若是一直放著很快就會氧化掉，要注意。難以飲用時，可以加入冰塊、蜂蜜、豆漿等等，享受調配的樂趣。

Menu

● 酵素豐富的
　鮮果汁400ml

推薦這樣的MENU！

白蘿蔔、蕪菁、紅蘿蔔的磨泥、蘋果、香蕉等水果

如果是**外食**，可在**蘿蔔泥蕎麥麵**和**山藥泥蕎麥麵**等**清淡飲食**上多加**醋拌涼菜**

如果是工作中的午餐，可選擇蕎麥麵店，或是到和食的連鎖餐廳、便利商店去，選擇涼麵。可以的話，最好選擇有白蘿蔔泥或野菜、海帶芽株或秋葵、納豆、山藥泥等的。不但能攝取到充足的酵素，營養也均衡。單點時如果加上醋拌涼菜、醬菜就更好了。如果吃膩了，沙拉義大利麵和雜穀飯便餐也頗為推薦。

Menu
● 蘿蔔泥蕎麥麵
● 醋漬小黃瓜

雜穀米飯糰、海藻沙拉、醋漬小黃瓜

如果要攝取**海鮮類**，一星期大致是 **300g**。要**加上大量沙拉**和**醋漬食品**

酵素飲食生活的重點，在於不會對消化造成負擔。動物性蛋白質攝取過度會帶來酵素的浪費。如果要攝取海鮮類，可以生魚片為主，加上大量的醋漬食品和沙拉。烤魚或煮魚也OK。如果要吃肉類料理，可以選擇將容易消化的雞胸肉迅速川燙或是熱炒過。即使如此，基本上量還是要少一點為宜。如果是肉類，請遵守一個星期攝取100～200g，魚類的話則是在200～300g。

Menu

- 雜穀飯
- 葱花味噌湯
- 綜合生魚片
- 海帶芽沙拉
- 醋漬白菜

推薦這樣的MENU！

水煮多種蔬菜（有大量的白菜、菇類、鴻喜菇和葱）、吻仔魚泥、海帶芽株山藥泥、柚子漬蕪菁

每個月2～4次的
斷食建議

這個方法特別推薦給因為酵素不足而造成體況欠佳或是想要減肥的人。
利用週末，一個月進行2～4次的斷食，將身體的毒素排出去吧！

將堆積在體內的毒素或
老舊廢物完全排出，
提高代謝！

最近，你是否有身體不舒服、代謝低下導致越來越胖……之類的情形呢？其原因就來自於每天的過度飲食及偏頗的飲食生活。消化系統的內臟既已完全疲憊，再加上酵素不足，就會造成代謝降低、免疫力降低的情形。針對這些情形，在此推薦的是斷食。有入門者也比較容易採用的半日餐、1日餐和2日半餐等。不妨藉由斷食來讓內臟休息，重新調整身體吧！

藉由斷食可以得到
令人喜悅的健康·美容效果！

只要實行斷食，就能獲得足以讓人驚訝的健康·美容效果。
讓我們來詳細看看有哪些效果吧！

效果 1 大幅提升代謝力！

藉由不吃東西可以避免將酵素用於消化上，因而促使代謝活性化，大幅提升細胞的更換和再生能力。也可創造苗條體質。

效果 2 讓血液清澈！

有些人因為飲食過度或是蛋白質、脂質、碳水化合物攝取過度，會讓血液變得濃稠，藉由斷食的實行，可以提升代謝，讓血液變得清澈！

效果 3 讓宿便暢快清除！

定期實行斷食，可大量去除牢牢黏在大腸壁上的宿便，以及小腸絨毛上的宿便。一旦宿便清除，腸內環境變得完備，排便就會變得順暢。

效果 4 改善肩膀僵硬和偏頭痛

肩膀僵硬和偏頭痛的原因是黏稠的髒血。藉由實行斷食，提高代謝，可讓血液變得清澈，促使血液循環變好，肩膀僵硬或偏頭痛也能獲得改善。

效果 5 提升睡眠品質，早晨清爽醒來！

藉由斷食，可取得肉體與精神之間的平衡，以獲得品質良好的睡眠，早晨醒來也能神清氣爽。

效果 6 利用排毒效果排出毒素！

藉由排出體內所有內臟的毒素，使各臟器的機能復活。如此一來可明顯提高免疫力。

效果 7 感冒等病情的改善！

剛感冒時，進行斷食是最好的。就算不服藥，也能一試見效。即使是癌症、心身症等，在醫生的指導下實行斷食，也能使病情減輕。

效果 8 改善黑斑·皺紋，漂亮地瘦下來！

不規則的飲食生活會讓活性氧活性化，促進身體的老化。利用斷食為老化加上停止信號，不僅可改善黑斑、皺紋，也可消除內臟脂肪，漂亮地變瘦。

斷食的重點

可讓體內重新設定,使內臟獲得休息的斷食。
能夠提高代謝和免疫力,發揮漂亮瘦身的效果。現在就來掌握斷食的重點吧!

要選哪一個?

只省略一次早餐!

半日斷食餐

斷食Point 　在一天的飲食中,只省略一次早餐。這是前一天晚上7點前結束晚餐後,到第二天的午餐前都不吃東西的小斷食。因為是晚上就寢後到中午為止的斷食,不但比較容易進行,胃腸也能獲得休息,有助於代謝酵素的保存。

早
什麼都不吃

午
正常

晚
正常

早·午·晚的斷食全餐!

1日斷食餐

斷食Point 　僅周末一天,從左頁選擇喜歡的斷食餐,挑戰1日3餐的斷食。組合蔬菜泥和日式醃梅、水果、米湯等。也很建議3餐醃梅餐。最好一天飲用10杯以上優質的水。

週末
Weekend

早
什麼都不吃

午
什麼都不吃

晚
什麼都不吃

掌握這些重點!

進行斷食時
必須注意的事項。

1 充分攝取優質的水

讓斷食成功的重點,就在於一天要充分飲用10杯以上的礦泉水等優質的水。可以提高代謝,讓體內的毒素排出。

2 斷食前後要採取
不會對胃腸造成負擔的飲食

前一天的晚餐儘量以酵素多的生菜和水果為主。斷食後的2餐要避免加熱食物,改吃鮮果汁或生菜沙拉、蔬菜泥等容易消化的食物。

3 好轉反應和對策

進行斷食,可能會出現頭痛或噁心、下痢、食慾不振等症狀,稱為「好轉反應」,是身體逐漸變好的證據。雖然只是暫時性的症狀,之後會逐漸復原,但還是嚴禁勉強。

想挑戰正統斷食的話!

2日半斷食餐

斷食Point 　這是從星期五晚上到星期一早上,利用週末進行整整2日半的正統斷食。從左頁選擇喜歡的斷食餐。在自己家中進行時,一個月以3天的期間為限,一舉將體內的毒素排出吧!

	早	午	晚
五 Friday	正常	正常	什麼都不吃
六 Saturday	什麼都不吃	什麼都不吃	什麼都不吃
日 Sunday	什麼都不吃	什麼都不吃	什麼都不吃
一 Monday	什麼都不吃	正常	正常

1日斷食餐　　**2日半斷食餐**

挑選喜歡的餐點向斷食挑戰！

趕快來展開斷食生活吧！
請選擇適合自己的餐點來試試看吧！

進行斷食時，吃的是這個！

醃梅1顆
富含消除疲勞效果高的檸檬酸。請儘量選擇低鹽的。

蔬菜泥
將白蘿蔔約5cm、蕪菁1顆、紅蘿蔔1/3根、小黃瓜1根份的蔬菜泥淋上黑醋調味醬（醬油、黑醋各少許、亞麻仁油1小匙）調拌。

米湯
雜穀飯的米湯（鍋中放入五穀米1合、莧米2小匙，加入2公升的水後炊煮50～60分鐘，取上面澄清的部分）1碗份。

水果
一次食用的水果大致上是1～2種。除了蘋果、香蕉之外，若為桃子、梨子、柳橙、葡萄柚的話，大致上是半顆～1顆；葡萄是10～30顆，草莓大約是16顆。

`適合入門者`

水果＋蔬菜泥＋米湯餐

早餐和晚餐加上米湯，是稍微有飽足感的套餐。推薦給食量較大的入門者。

早　　　　**午**　　　　**晚**

米湯＋水果　　醃梅1顆　　米湯＋蔬菜泥
（蘋果1顆）　　　　　　　＊1天飲用10杯以上的優質水。

`適合入門者`

水果＋蔬菜泥餐

早餐吃水果，午餐吃醃梅，晚餐吃蔬菜泥，是很適合入門者的套餐。可以品嘗到各種不同的味道，能讓人不厭膩地持續下去。

早　　　　**午**　　　　**晚**

水果　　　　醃梅1顆　　　蔬菜泥
（蘋果1顆、香蕉1根）　　＊1天飲用10杯以上的優質水。

`食全`

蔬菜泥＋醃梅餐

這是早餐吃蔬菜泥，午餐和晚餐吃醃梅的中級餐。習慣斷食之後不妨加以挑戰。雖然空腹可能會感到難受，不過身體狀況一定會變好的。

早　　　　**午**　　　　**晚**

蔬菜泥　　　醃梅1顆　　　醃梅1顆
　　　　　　　　＊1天飲用10杯以上的優質水。

`最具效果！`

3餐醃梅餐

對於吃太多或是飲酒過度造成身體狀況崩壞，或是為肩膀僵硬、頭痛煩惱的人來說，非常推薦這種醃梅餐。最能真實感受到斷食的效果。

早　　　　**午**　　　　**晚**

醃梅1顆　　　醃梅1顆　　　醃梅1顆
　　　　　　　　＊1天飲用10杯以上的優質水。

蔬菜的營養價值正大幅降低？

說蔬菜含有豐富的維生素、礦物質，已經是很久以前的事了。
現在蔬菜的營養成分已經大幅減少了。來看看蔬菜營養成分的變化吧！

和50多年前的蔬菜相比，營養成分已經大幅減少了！

日本科學技術廳從1950年開始編撰的「食品成分表」。和2004年度的五訂食品成分表的蔬菜營養成分變化相比較，可以發現這54年來的蔬菜營養成分已經大幅減少。雖然經由品種改良，有些蔬菜的營養成分變多了，但大部分都是趨向減少的。隨著蔬菜變得整年流通，一般認為農藥或化學肥料的蓄積也是導致營養成分減少的原因。

無農藥、無肥料的蔬菜營養成分較多，建議使用！

農藥、化學肥料的過度使用，造成現在上市的蔬菜和水果營養不足。因此，選擇無農藥、無肥料的蔬菜，就是攝取高效果的營養素、酵素的重點。以永田農法為代表的無農藥、低肥料所栽培的蔬菜，已知會讓維生素和礦物質大幅增加。請儘量選擇以這種農法來栽種的蔬菜、水果吧！

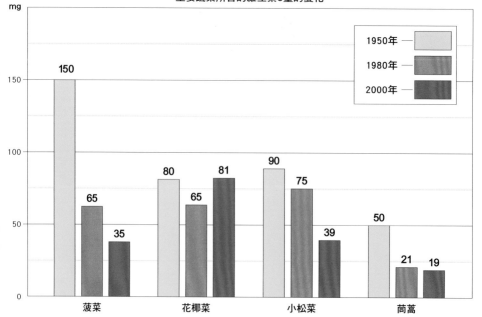

主要蔬菜所含的維生素C量的變化

mg

- 1950年
- 1980年
- 2000年

	菠菜	花椰菜	小松菜	茼蒿
1950年	150	80	90	50
1980年	65	65	75	21
2000年	35	81	39	19

取自日本食品標準成分表
日本7處產地的平均值（每100g的含量，單位為mg）

PART 3

有豐富的酵素！

鮮榨果汁食譜

首先介紹的是最好每天早上都能飲用的超級酵素果汁食譜。

還要介紹各種基本食材的變化組合。

每天都以各種不同的水果和蔬菜來開始果汁生活吧！

芹菜

水芹科的蔬菜，自古以來就被當作藥用使用的淡色蔬菜。除了有豐富的鈣之外，也含有香氣成分「洋芹醚」、「芹子烯」等，在鎮靜·健胃·整腸作用上有效。葉子上有豐富的β胡蘿蔔素和維生素C。

【主要效能】改善便祕·下痢／預防胃潰瘍／預防失眠／預防癌症／排毒等

蔬菜

ᐯEGETABLE

番茄

富含β胡蘿蔔素、維生素C的黃綠色蔬菜。番茄的紅色素——茄紅素擁有強力的抗氧化作用，可消除活性氧。檸檬酸和谷氨酸、可消除壓力的GABA等受矚目的成分也很豐富。

【主要效能】預防癌症／減肥／抗老化／消除疲勞／預防糖尿病等

青菜

富含β胡蘿蔔素及維生素。是均衡含有鈣、鐵、鉀、食物纖維的黃綠色蔬菜。以菠菜、小松菜、青江菜、茼蒿、黃麻菜等為代表。

【主要效能】預防便祕／預防感冒／預防癌症／美膚等

高麗菜

是維生素U、維生素C的含量很豐富，也有鈣、β胡蘿蔔素、食物纖維的十字花科淡色蔬菜。也含有受人矚目的異硫氰酸酯，可以清血，預防疾病。

【主要效能】改善便祕／預防胃潰瘍／預防癌症／美膚／預防肥胖／消除疲勞等

紅蘿蔔

在蔬菜中，其β胡蘿蔔素的含量也是首屈一指。除此之外，也是非常均衡地含有維生素B、C，以及鉀、鎂、鈣等礦物質的黃綠色蔬菜代表。

【主要效能】預防癌症／美膚／消除疲勞／改善虛冷／預防心臟病等

其他值得推薦的蔬菜·香草　青花菜／花椰菜／小黃瓜／甜椒／青椒／洋蔥／苦瓜／綠蘆筍／荷蘭芹／薄荷／薑等

酪梨

包含脂肪分解酵素的脂酶在內，還含有澱粉酶、纖維素酶、蛋白酶、SOD等許多酵素的超級水果。維生素E也很豐富，對抗老化有效。

【主要效能】預防動脈硬化／美膚／改善便秘等

水果

FRUIT

鳳梨

這是含有蛋白質分解酵素的菠蘿蛋白酶的酵素食材。吃肉和魚時，最好在最初時食用。富含維生素B₁、B₆、C等，還有豐富的檸檬酸，對消除疲勞有效。

【主要效能】促進消化／消除疲勞／抗老化／美膚等

柳橙

β胡蘿蔔素、維生素C、鉀的含量很豐富。此外，還含有大量屬於水溶性食物纖維的果膠。也含有植化素的類黃酮、橘皮苷等成分。

【主要效能】美膚／預防浮腫／預防高血壓／預防癌症／改善便秘等

香蕉

是營養價值很高的水果，有維生素B₁、B₂、C等維生素類，鉀、鎂等礦物質也很豐富。含有大量醣類，容易消化吸收。也含有澱粉的消化酵素澱粉酶。

【主要效能】改善便祕／預防感冒／預防癌症／抗壓／防老化／預防高血壓等

蘋果

富含屬於水溶性食物纖維的果膠，可消滅腸內的壞菌，增加好菌。此外，也有豐富的鉀和維生素C。對於消除浮腫、預防高血壓也有效果。

【主要效能】改善便秘／消除浮腫／預防高血壓／減肥／美膚／預防生活習慣病等

奇異果

在水果中的維生素C含量和草莓一樣並駕齊驅。類黃酮等植化素、食物纖維、有機酸也很豐富。是含有蛋白質分解酵素——獼猴桃鹼的酵素食材。

【主要效能】改善便祕／消除疲勞／美膚／預防感冒等

其他值得推薦的水果： 檸檬／桃子／無花果／火龍果／哈密瓜／柚子／葡萄柚等

基本工具是這些！

榨汁機

這是壓榨蔬果汁的電動型調理器具。有高速榨汁機和低速榨汁機兩種，要充分攝取酵素，一定要使用低速榨汁機（慢磨機）。慢磨機以40～80轉的最適宜，可以榨出不會破壞酵素的鮮果汁。

HUROM SLOW JUICER / 35,800 日圓 販售商：有限會社ODEO CORPORATION

適合的食材

紅蘿蔔之類的所有蔬菜和水果

如果要攝取酵素，建議使用慢磨機！

想要攝取大量食物纖維的人就使用果汁機！

果汁機

可以粉碎、攪拌蔬菜和水果來製作果汁的調理器具。能夠完成泥狀、分量感十足的果汁。可以完全攝取食物纖維，一杯就能獲得滿足感。在製作香蕉或酪梨等柔軟水果的果汁時，不妨使用果汁機。

適合的食材

包含香蕉、酪梨在內的所有蔬菜＆水果

在此要介紹的是為了製作大量使用蔬果的鮮果汁，最好能先準備好的工具&便利用品。

要預先準備的用品

量匙

計量蜂蜜、黃豆粉等液體、粉末時的必備用品。大匙（15ml）和小匙（5ml）是必需品。

量杯

計量水、豆漿等液體時不可欠缺的用品。有200ml、500ml、1000ml等各種不同的類型。

電子秤

製作果汁時，有電子秤會比較方便。能夠正確測量蔬菜和水果的重量。

COLUMN

只需要柑橘系的果汁時可以使用榨汁器

只需壓榨柳橙或葡萄柚、檸檬等時，使用榨汁器會比較方便。清洗也很容易。

研磨器

要研磨讓酵素倍增的蔬果泥，以金屬製的效果最好。底部有止滑裝置的會比較安全。

刀子&砧板

切蔬菜水果時必需的刀子&砧板。刀子使用水果刀，砧板則使用專用的砧板。

最好全部備齊！便利用品

柑橘削皮器

在柳橙等的皮上切開，將前端插入果皮和果肉之間，不用弄髒雙手就能剝皮的創意商品。

Vacuvin柑橘削皮器
販售商：株式會社Japan International Commerce

八朔蜜柑等的剝皮器

要剝除八朔蜜柑、凸頂柑等的厚皮時非常便利的調理器具。也能輕易剝除掉內部的薄皮。

ムッキーちゃん
販售商：株式會社ももや

酪梨切片器

插入對半切開並取出種籽的酪梨的果皮和果肉之間，就能切成8片薄片的好用器具。

Chef'n Avocado Cutter
進口販售商：貝印株式會社

草莓去蒂器

最適合用來去除草莓蒂、馬鈴薯芽、芹菜筋等的工具。可以簡單地去除，非常方便。

IDEAL TREE
販售商：株式會社新考社

葡萄剝皮器

只要插入葡萄的果肉和果皮之間旋轉，就能輕易將皮剝除，非常方便！

剝太郎
製造商：高桑製作所

蘋果拔芯器

簡單就能完成麻煩的蘋果去芯作業！只要深深插入蘋果芯附近，轉動一圈拔出來即可！

NEWCOOKDAY 蘋果去芯器
販售商：貝印株式會社

使用
慢磨機製作！

使用慢磨機製作基本的鮮果汁。
請掌握清洗方法和去籽方法的重點！

向「菠菜＋蘋果＋荷蘭芹＋檸檬（P66）」
的鮮果汁挑戰！

3 切開

菠菜切掉根部
菠菜只要切除根部就OK。只要將數片葉片重疊放入慢磨機中即可，不需花費切的工夫，非常輕鬆。

2 計量

用電子秤計量
材料標示g的蔬果，要用秤來測量重量。豆漿等液體要使用量杯。

1 清洗

蘋果用
小蘇打粉搓洗
蘋果等有硬皮的蔬果，要先盛水浸泡後，再使用小蘇打粉充分搓洗。

葉菜類
要用水泡過
將菠菜根部的泥土仔細洗掉後浸泡。荷蘭芹也在浸泡後用流水清洗。

2 放入果汁機中

硬的東西放下面，
軟的東西放上面
果汁機的刀片在下面，所以要依順序將硬的東西放在下面，上面則放軟的東西。

1 清洗＆計量＆切開

使用果汁機時要切成小塊
計量材料的重量，香蕉剝皮，充分清洗過的紅蘿蔔則連皮細切成容易打碎的大小。

使用
果汁機製作！

如果要製作以香蕉或酪梨為基底的果汁，就使用果汁機！來看看它和慢磨機之間的不同吧！

向「香蕉＋紅蘿蔔＋豆漿（P64）」
的鮮果汁挑戰！

在完成的果汁中加料！

加入纖維，進一步補充纖維質！

慢磨機榨出的渣是蔬菜和水果的纖維質。建議依個人喜愛添加纖維飲用。

滴上亞麻仁油，提高美容效果！

完成後加1大匙亞麻仁油飲用，可以攝取到Omega-3系的脂肪酸，對減肥、美容也有效果！

---

5 倒入　　**4 使用慢磨機**　　完成！

倒入玻璃杯

材料完全壓榨完畢後，關掉開關，用攪拌匙攪拌果汁，注入玻璃杯中。

用壓棒壓入

食材不容易進入時，使用附屬的壓棒壓入，就能順利榨汁。

依照菠菜→蘋果→荷蘭芹→檸檬的順序

設置好慢磨機後，按下開關，放入材料。依照柔軟→堅硬的順序放入。

蘋果去芯去籽，檸檬去皮去籽

種籽有酵素抑制物質，因此一定要去除，這是不變的原則。蘋果去芯去籽，檸檬則去皮去籽。

---

6 打開蓋子品嘗味道　**5 按下開關**　**4 加入蜂蜜**　**3 倒入液體**　完成！

味道如果不足，要在這個時候調整

到整體都變成液狀後，關掉開關，試一下味道。如果味道不夠，就添加一些甜味做調整。

壓住蓋子，一口氣運轉

使用果汁機時，要領是要一邊壓住蓋子。不壓緊的話蓋子可能會脫落，須注意！

甜味料要在運轉前就加入

蜂蜜也是在開機前加進去。如此一來就可以全部均勻混合了。

先倒入豆漿和水

在開機前，先倒豆漿和水。這是因為和液體一起轉動，刀片比較能順利運轉。

鮮果汁

想要有效地攝取酵素，
早上來一杯鮮榨果汁就對了！
這裡收集了美味又有益健康的食譜。

APPLE

【效能】預防高血壓、改善便祕、消除疲勞、清血效果、預防癌症等。

富含維生素C的特製飲品！

蘋果＋青花菜＋檸檬

〔慢磨機比例〕4：1：0.5

材料	慢磨機	果汁機
蘋果	1顆	½顆
青花菜	50g	50g
檸檬	½顆	½顆
水	—	100ml
蜂蜜	—	1大匙

作法 ❶蘋果連皮切成4～8等分後，去芯去籽；檸檬去皮去籽。青花菜分成小朵。 ❷將①用慢磨機碾磨。如果使用果汁機，就把所有的材料放進去攪拌。

OTHER COMBINATION 建議也可以用小松菜、水菜等青菜來代替青花菜。

酵素 Point

青花菜／富含強化肌膚黏膜的β胡蘿蔔素、預防黑斑皺紋的維生素C、防止活性氧發生的槲皮素等。

檸檬／酸味來源的維生素C和檸檬酸含量豐富，具有美膚、抗老化、消除疲勞的效果。

每天早上都要飲用！**酵素多多的**

像甜點般的美味鮮果汁！

蘋果＋豆漿＋肉桂粉

〔慢磨機比例〕4：1：少許

和風滋味的組合也很美味！

蘋果＋蕪菁＋柚子

〔慢磨機比例〕2：1：少許

材料	慢磨機	果汁機
蘋果	1顆	½顆
豆漿	50ml	50ml
肉桂粉	少許	少許
水	一	100ml
蜂蜜	一	1大匙

作法　❶蘋果連皮切成4～8等分後，去芯去籽，用慢磨機碾磨。　❷加入豆漿攪拌混合，倒入杯中，撒上肉桂粉。使用果汁機時，把除了肉桂粉之外的材料全部放進去攪拌。

OTHER COMBINATION　如果是要早上喝就用豆漿。如果是午餐・晚餐要喝的話，用優格代替也OK。

酵素Point

　豆漿／富含容易消化吸收的植物性蛋白質，具有降低血壓、降膽固醇等效果。

材料	慢磨機	果汁機
蘋果	1顆	½顆
蕪菁（連葉）	1顆	1顆
柚子	½顆	½顆
水	一	100ml
蜂蜜	一	1大匙

作法　❶蘋果連皮切成4～8等分後，去芯去籽。蕪菁與葉子切開，根莖切成一半～¼大小。柚子去皮去籽。　❷將①用慢磨機碾磨。如果使用果汁機，就把所有的材料放進去攪拌。

OTHER COMBINATION　用白蘿蔔代替蕪菁，檸檬代替柚子也很好喝。

酵素Point

　蕪菁／根莖是淡色蔬菜，葉子是黃綠色蔬菜。根莖含有豐富的澱粉消化酵素——澱粉酶。
　柚子／維生素C約為檸檬的3倍！果膠和檸檬酸也很豐富，所以對預防感冒、消除疲勞、美膚也有效果。

*P*INEAPPLE
【效能】消除疲
勞、增進食慾、
促進蛋白質的消化等。

讓人不會注意到苦瓜的苦味,容易飲用!

鳳梨+苦瓜+檸檬

〔慢磨機比例〕4:1:0.5

材料	慢磨機	果汁機
鳳梨	200g	100g
苦瓜	50g	30g
檸檬	½顆	¼顆
水	—	100ml
蜂蜜	—	1大匙

作法 ❶鳳梨削皮後,將芯切掉。苦瓜去除種籽和內
絮。檸檬去皮去籽。 ❷將①用慢磨機碾磨。如果使
用果汁機,就把所有的材料放進去攪拌。

OTHER COMBINATION 用青花菜、小松菜等來
代替苦瓜也很適合。

酵素Point

苦瓜/特色是維生素C含量豐富且耐熱。
苦味成分的苦瓜素也有降低血糖值的效果。
檸檬/維生素C的寶庫,也有豐富的檸檬
酸,對美膚有效!

以小黃瓜的利尿作用來消除浮腫！

鳳梨＋小黃瓜

〔慢磨機比例〕2：1

清淡合宜的酸味！

鳳梨＋茄子

〔慢磨機比例〕2：1

材料	慢磨機	果汁機
鳳梨	200g	100g
小黃瓜	1根	½根
水	─	100ml
蜂蜜	─	1大匙

作法 ❶鳳梨削皮後，將芯切掉。小黃瓜將兩端切掉。 ❷將①用慢磨機碾磨。如果使用果汁機，就把所有的材料放進去攪拌。

OTHER COMBINATION 用高麗菜、冬瓜等來代替小黃瓜也很適合。

酵素Point

┌ 小黃瓜／有豐富的鉀，具有利尿作用，可
  促進消除浮腫！

材料	慢磨機	果汁機
鳳梨	200g	100g
茄子	100g	20g
水	─	100ml
蜂蜜	─	1大匙

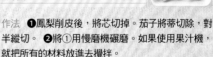

作法 ❶鳳梨削皮後，將芯切掉。茄子將蒂切除，對半縱切。 ❷將①用慢磨機碾磨。如果使用果汁機，就把所有的材料放進去攪拌。

OTHER COMBINATION 也推薦用白菜或高麗菜等來代替茄子！

酵素Point

┌ 茄子／茄子的營養就在於它的皮。茄色素
  具有抗氧化作用，可預防癌症！

柳橙基底

酸酸甜甜的柑橘。柳橙和蔬菜組合成更美味的飲品。

ORANGE

【效能】預防感冒、消除宿醉、改善便祕等。

鮮豔的橘色健康飲品！

柳橙+紅蘿蔔+迷迭香

〔慢磨機比例〕2：1：少許

材料	慢磨機	果汁機
柳橙	1顆	1顆
紅蘿蔔	½根	½根
迷迭香	2枝	1枝
水	—	100ml

作法 ❶柳橙去皮去籽。帶皮的紅蘿蔔切掉蒂頭，縱切成2等分。迷迭香摘取葉子部分。 ❷將①用慢磨機碾磨。如果使用果汁機，就把所有的材料放進去攪拌。

OTHER COMBINATION 用番茄或紅甜椒來取代紅蘿蔔也很好喝。

酵素Point

紅蘿蔔／β胡蘿蔔素的含量在蔬菜中位居前列。可預防傷風或流行性感冒。

迷迭香／具有香草中最強的抗氧化作用，對於促進血液循環也有效果。

使用胡荽粉來促進消化，消除便秘！

柳橙+豆漿+
胡荽粉

〔慢磨機比例〕3：1：少許

清淡爽口的鮮果汁！

柳橙+番茄+
荷蘭芹

〔慢磨機比例〕1：1：少許

材料	慢磨機	果汁機	
柳橙	1顆	1顆	
豆漿	50ml	50ml	
胡荽粉	少許	少許	
水	—	50ml	

作法 ❶柳橙去皮後分成4等分，去籽，以慢磨機碾磨。❷將①和豆漿混合，倒入杯中，撒上胡荽粉。使用果汁機時，就將胡荽粉以外的材料放進去攪拌。

OTHER COMBINATION 如果要在早上飲用，建議使用豆漿；如果要在下午飲用，也可以改成優格。

酵素Point

豆漿／和黃豆比較起來，含有豐富的消化吸收率極高的良質蛋白質。最適合酵素的節約使用。

材料	慢磨機	果汁機	
柳橙	1顆	1顆	
番茄	½顆	½顆	
荷蘭芹	5朵	3朵	
水	—	100ml	
蜂蜜	—	½大匙	

作法 ❶柳橙去皮後分成4等分，去籽。番茄去蒂，切成一半。❷將①、荷蘭芹用慢磨機碾磨。使用果汁機時，把所有的材料放進去攪拌。

OTHER COMBINATION 也可以用紅蘿蔔或紅甜椒來取代番茄。荷蘭芹的分量可依個人喜愛調整。

酵素Point

番茄／其紅色成分的茄紅素有強烈的抗氧化作用，可預防癌症。此外，對於減少中性脂肪也有效果。
荷蘭芹／β胡蘿蔔素和維生素C的含有量名列前茅。鐵分也多，可預防貧血。

奇異果基底

以清爽的酸甜滋味受人喜愛的奇異果。黃色果肉的黃金奇異果也很受到矚目！

*K*IWI

【效能】預防感冒、預防高血壓、改善便祕、預防癌症、美膚效果等。

餘味爽口的清爽鮮果汁

奇異果+芹菜+薄荷

〔慢磨機比例〕1：1：少許

材料	慢磨機	果汁機
奇異果	3顆	1 ½顆
芹菜（連葉）	150g	50g
薄荷	10g	5g
水	—	100ml
蜂蜜	—	1大匙

作法 ❶奇異果去皮，對半切開。 ❷將①、芹菜、薄荷用慢磨機碾磨。如果使用果汁機，就把所有的材料放進去攪拌。

OTHER COMBINATION 也建議使用青花菜、高麗菜等來代替芹菜！

酵素Point

芹菜／有豐富的鉀，可預防浮腫及高血壓。香氣成分有放鬆效果。

薄荷／具有舒暢眼睛和頭腦、放鬆心情的效果。

用奇異果的甜味掩蓋青椒的苦味！

奇異果＋青椒

〔慢磨機比例〕1：1

以青紫蘇作為重點味道！

奇異果＋冬瓜＋青紫蘇

〔慢磨機比例〕1：2：少許

材料	慢磨機	果汁機
奇異果	3顆	1½顆
青椒	4～5顆	1½顆
水	—	150ml
蜂蜜	—	1½大匙

作法 ❶奇異果去皮，對半切開。青椒切半，去除種籽和內絮。 ❷將①用慢磨機碾磨。如果使用果汁機，就把所有的材料放進去攪拌。

OTHER COMBINATION　也推薦用小松菜或青江菜等來代替青椒。

酵素Point

青椒／有豐富的β胡蘿蔔素和維生素C、抗氧化成分的吡嗪，可提高免疫力。

材料	慢磨機	果汁機
奇異果	2顆	1顆
冬瓜	200g	50g
青紫蘇	4片	2片
水	—	100ml
蜂蜜	—	1大匙

作法 ❶奇異果去皮，對半切開。冬瓜去籽，削皮。❷將①、青紫蘇用慢磨機碾磨。如果使用果汁機，就把所有的材料放進去攪拌。

OTHER COMBINATION　也可以用白菜或高麗菜來代替冬瓜。

酵素Point

冬瓜／有豐富的鉀，具有消除浮腫的效果。也能預防高血壓。

青紫蘇／是具有豐富的β胡蘿蔔素的香味蔬菜代表。特有的香味成分有放鬆的效果。

酪梨基底

酪梨是除了脂肪分解酵素——脂酶之外,還含有澱粉酶、纖維素酶等各種不同酵素的超級水果!

AVOCADO

【效能】 抗老化、降低膽固醇值、健胃作用、預防高血壓等。

以核桃的口感作為重點!

酪梨＋檸檬＋核桃

〔果汁機比例〕1:1:少許

材料	果汁機
酪梨	½顆
檸檬	1顆
水	150ml
蜂蜜	2大匙
核桃	20g

作法 ❶酪梨去除種籽,去皮後對半切開。檸檬去皮去籽。 ❷將①、水、蜂蜜一起用果汁機攪拌。倒入杯子,撒上碎核桃。

OTHER COMBINATION 也很建議用萊姆或柚子來代替檸檬,杏仁等來代替核桃。

酵素Point

檸檬／有豐富的維生素C和檸檬酸,在預防傷風感冒、美膚上都能發揮效果!

柳橙的酸甜和酪梨很搭配！

酪梨+柳橙

〔果汁機比例〕1：4

完成濃稠的酪梨雪克！

酪梨+豆漿

〔果汁機比例〕1：4

材料	果汁機
酪梨	½顆
豆漿	200ml
蜂蜜	2大匙

作法 ❶酪梨去籽去皮，對半切開。 ❷將①、豆漿、蜂蜜一起用果汁機攪拌。

OTHER COMBINATION〉也建議用優格來代替豆漿。可依照個人喜愛添加香蕉或檸檬。

酵素Point

[豆漿／是容易消化吸收的優質蛋白質，對胃腸很好！

材料	果汁機
酪梨	½顆
柳橙	1顆
水	150ml
蜂蜜	1大匙

作法 ❶柳橙去皮後再去除薄皮和種籽。酪梨去籽去皮，對半切開。 ❷將①、水、蜂蜜一起用果汁機攪拌。

OTHER COMBINATION〉也建議用葡萄柚、橘子等來代替柳橙。

酵素Point

[柳橙／含有豐富的維生素C，可期待預防感冒和美膚的效果。

𝓑ANANA BASE

香蕉
基底

像香蕉一樣柔軟的水
果使用果汁機即可。利
用富含澱粉分解酵素
的香蕉果汁來補充酵
素吧！

𝓑ANANA

【效能】 改善
便祕、消除疲
勞、預防癌症等。

濃稠滑順的奶昔風飲品！

香蕉+紅蘿蔔+豆漿

〔果汁機比例〕**2：1：2**

材料	果汁機
香蕉	1根
紅蘿蔔	50g
豆漿	100ml
蜂蜜	1大匙

作法 ❶香蕉剝皮，切成適當的大小。帶皮的紅蘿蔔
切掉蒂頭後，切成小塊。 ❷將①、豆漿、蜂蜜一起
用果汁機攪拌。

OTHER COMBINATION 也建議用番茄、紅甜
椒、甘薯等來代替紅蘿蔔！

酵素Point

紅蘿蔔／在黃綠色蔬菜中，其β胡蘿蔔素
的含量名列前茅。皮有營養，所以要連皮一
起榨汁。

豆漿／富含黃豆類黃酮素之一的異黃酮，
可緩和更年期障礙。

64

對胃腸溫和的印度風味飲品

香蕉+豆漿+
印度什香粉

〔果汁機比例〕2：1：少許

適合早餐的組合！

香蕉+番茄

〔果汁機比例〕1：1

材料	果汁機
香蕉	1根
豆漿	50ml
水	50ml
印度什香粉	少許

作法 ❶香蕉剝皮，切成適當的大小。 ❷將①、豆漿、水一起用果汁機攪拌。 ❸將倒入杯中，撒上印度什香粉（Garam Masala）。

OTHER COMBINATION 用原味優格來代替豆漿也很美味。建議做為午後的點心。

酵素Point

> 豆漿／可補充優質的植物性蛋白質。對降低膽固醇值也有效果。

材料	果汁機
香蕉	1根
番茄	100g
水	100ml
蜂蜜	1大匙

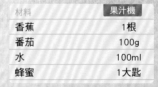

作法 ❶香蕉剝皮，切成適當的大小，番茄去蒂後，對半切開。 ❷將①、水、蜂蜜一起用果汁機攪拌。

OTHER COMBINATION 也建議用紅甜椒或鳳梨等來代替番茄！

酵素Point

> 番茄／有豐富的茄紅素，在抗老化、美容上也能發揮效果！

SPINACH

【效能】 預防高
血壓、預防骨質疏
鬆症、整腸‧利尿作用、預防貧
血等。

因為蘋果的香甜而變得容易飲用的青菜汁!

菠菜+蘋果+荷蘭芹+檸檬

【慢磨機比例】2:4:少許:1

材料	慢磨機	果汁機
菠菜	100g	50g
蘋果	1顆	½顆
荷蘭芹	5朵	2朵
檸檬	1顆	½顆
水	—	100ml
蜂蜜	—	1大匙

OTHER COMBINATION 用橘子、奇異果等來代
替蘋果也很美味。

酵素Point

蘋果／富含食物纖維中的果膠;可改善腸
內環境!

荷蘭芹／有豐富的β胡蘿蔔素、維生素
C、B₁、B₂等,有消除疲勞及利尿的效果。

作法 ❶菠菜切除根部。蘋果切成4～8等份後去芯去
籽。檸檬去皮去籽。 ❷將①用慢磨機碾磨。如果使
用果汁機,就把所有的材料放進去攪拌。

新鮮的酸甜滋味讓人一喝上癮！

青江菜＋奇異果

〔慢磨機比例〕4：3

鳳梨和豆漿做成的熱帶風味飲品！

小松菜＋鳳梨＋
豆漿

〔慢磨機比例〕1：1：1

ℬok choy

【效能】 青江菜是營養豐富的一種中國青菜。味道清淡，很適合打成鮮果汁！

材料	慢磨機	果汁機
青江菜	200g	100g
奇異果	3顆	2顆
蜂蜜	1大匙	2大匙
水	—	100ml

作法 ❶奇異果去皮，對半切開。青江菜切除根部，縱向切開。 ❷將①用慢磨機碾磨。❸在②中加入蜂蜜混合。如果使用果汁機，就把所有的材料放進去攪拌。

ᴏᴛʜᴇʀ Cᴏᴍʙɪɴᴀᴛɪᴏɴ 也可以用蘋果、柳橙、鳳梨來代替奇異果。

酵素Point

> 奇異果／維生素C的含量在水果中名列前茅。果肉為黃色的黃金奇異果也有同樣的效能。

ℐapanese mustard spinach

【效能】 不僅是β胡蘿蔔素和維生素C，鈣質也非常豐富！

材料	慢磨機	果汁機
小松菜	100g	50g
鳳梨	100g	100g
豆漿	100ml	100ml
蜂蜜	1大匙	2大匙
水	—	100ml

作法 ❶小松菜切除根部，鳳梨去皮，將芯切除。❷將①用慢磨機碾磨，在汁液中加入豆漿、蜂蜜混合。如果使用果汁機，就把所有的材料放進去攪拌。

ᴏᴛʜᴇʀ Cᴏᴍʙɪɴᴀᴛɪᴏɴ 用蘋果、橘子、奇異果等來代替鳳梨也很美味。

酵素Point

> 鳳梨／含有豐富的維生素B1和檸檬酸，可以促進醣類轉換成能量，提高代謝。

Celery

【效能】增進食慾、安定精神、消除頭痛、整腸作用、降血壓作用等。

說到蔬菜汁，就是要這樣的味道！

芹菜＋番茄＋檸檬

〔慢磨機比例〕3：1：0.5

材料	慢磨機	果汁機
芹菜（連葉）	2根	½根
番茄	1顆	1顆
檸檬	1顆	½顆
水	—	100ml
蜂蜜	—	2大匙

作法 ❶番茄去蒂後分成4等份，檸檬去皮去籽。芹菜將莖和葉分開。 ❷將①用慢磨機碾磨。如果使用果汁機，就把所有的材料放進去攪拌。

OTHER COMBINATION 用紅蘿蔔、柳橙、紅甜椒等來代替番茄也很適合。

酵素Point

番茄／富含β胡蘿蔔素、維生素C、鉀等的黃綠色蔬菜。可預防癌症、糖尿病。
檸檬／豐富的維生素C有強力的抗氧化作用，對於提高免疫力、消除疲勞方面的效果絕佳。

餘味清爽的組合！

芹菜+
蘋果+薑

〔慢磨機比例〕**3：4：少許**

芹菜+紅蘿蔔+
柳橙

〔慢磨機比例〕**2：2：5**

材料	慢磨機	果汁機
芹菜	1根	½根
蘋果	1顆	½顆
薑	10g	5g
水	—	100ml
蜂蜜	—	1大匙

作法 ❶蘋果分成4〜8等份，去芯去籽。 ❷將芹菜、①、薑用慢磨機碾磨。如果使用果汁機，就把所有的材料放進去攪拌。

OTHER COMBINATION 也建議用橘子或鳳梨、奇異果來代替蘋果。

酵素Point

蘋果／清爽的甜味和酸味來源的檸檬酸與蘋果酸含量豐富。對消除疲勞有效。

薑／香氣成分的檸檬醛除了可消除疲勞、預防苦夏之外，也有排毒效果。

材料	慢磨機	果汁機
芹菜	½根	¼根
紅蘿蔔	½根	¼根
柳橙	1顆	1顆
水	—	100ml
蜂蜜	—	1大匙

作法 ❶紅蘿蔔切掉蒂頭，連皮對半縱切。柳橙去皮去籽，切成適當的大小。 ❷將芹菜、①用慢磨機碾磨。如果使用果汁機，就把所有的材料放進去攪拌。

OTHER COMBINATION 也建議用番茄來替代紅蘿蔔，用葡萄柚、蘋果等來代替柳橙。

酵素Point

紅蘿蔔／加上油脂可以提高紅蘿蔔的吸收率，不妨依照個人喜愛滴上亞麻仁油。

柳橙／多汁的柳橙含有大量的維生素C，有美膚和預防感冒的作用。

CABBAGE BASE

高麗菜
基底

以維生素U和C、K、B群
豐富,對腸胃有幫助的
高麗菜為基底,和水果
搭配組合!

CABBAGE
【效能】保護胃
黏膜、預防癌
症、降低膽固醇、預防骨質疏鬆
症等。

用粗研黑胡椒來提味!

高麗菜+葡萄柚+
亞麻仁油+粗研黑胡椒

(慢磨機汁例約1:1,少許:少許)

材料	慢磨機	果汁機
高麗菜	100g	50g
葡萄柚	½顆	1顆
蜂蜜	1大匙	1大匙
亞麻仁油	1小匙	1小匙
粗研黑胡椒	少許	少許
水	—	100ml

OTHER COMBINATION 用柳橙或奇異果等來代
替葡萄柚也很美味。

酵素Point

葡萄柚/有豐富的肌醇可分解脂肪,促進
代謝,預防肝臟脂肪堆積。

作法 ❶葡萄柚去皮去籽,切成適當的大小。 ❷將
高麗菜、①用慢磨機碾磨,加入蜂蜜混合。 ❸倒入
杯中,滴入亞麻仁油,撒上粗研黑胡椒。如果使用
果汁機,就把亞麻仁油、粗研黑胡椒以外的材料放
進去攪拌。

辣的微辣味在酸甜滋味中更顯美味

高麗菜＋
鳳梨＋薑

〖慢磨機比例〗1：1：少許

推薦給眼睛疲勞者的一杯！

高麗菜＋
藍莓＋豆漿

〖慢磨機比例〗2：1：1

材料	慢磨機	果汁機
高麗菜	100g	50g
鳳梨	100g	100g
薑	10g	5g
蜂蜜	1大匙	1大匙
水	—	100ml

作法 ❶將高麗菜切成大塊，鳳梨削皮後將芯切掉。❷將①、薑用慢磨機碾磨，加入蜂蜜混合。如果使用果汁機，就把所有的材料放進去攪拌。

〖**OTHER COMBINATION**〗也推薦用蘋果或柳橙、芒果等來代替鳳梨！

酵素Point

鳳梨／屬於蛋白質分解酵素的菠蘿蛋白酶和肉類烹素時，可以促進消化・吸收！

材料	慢磨機	果汁機
高麗菜	100g	50g
藍莓	50g	100g
豆漿	50ml	100ml
蜂蜜	1大匙	1½大匙

作法 ❶將高麗菜、藍莓用慢磨機碾磨。❷將豆漿、蜂蜜加入①中混合。如果使用果汁機，就把所有的材料放進去攪拌。

〖**OTHER COMBINATION**〗也推薦用草莓、覆盆子等漿系來代替藍莓。

酵素Point

藍莓／富含的花青素，可以期待改善眼睛疲勞、回復視力的效果。

*C*ARROT BASE

紅蘿蔔
基底

一說到健康果汁,應該
有很多人都會想到紅
蘿蔔。加入水果更容
易飲用!

*C*ARROT

【效能】 改善便
祕、美膚效果、預
防高血壓、抗老化、預防癌症
等。

鮮橘色的超級鮮果汁!

紅蘿蔔+芒果

〔慢磨機比例〕1:1

材料	慢磨機	果汁機
紅蘿蔔	1根	⅓根
芒果	½顆	½顆
水	—	100ml
蜂蜜	—	1大匙

OTHER COMBINATION 也推薦用柳橙、葡萄柚
等來代替芒果!

酵素Point

芒果╱不但β胡蘿蔔素和維生素C的含量
豐富,因為含有葉酸,也能美膚、預防貧血
及癌症。

作法 ❶將紅蘿蔔的蒂切除,連皮縱切成4等份。芒
果去皮去籽,切成適當的大小。 ❷將①用慢磨機碾
磨。如果使用果汁機,就把所有的材料放進去攪拌。

甘薯的甜味很好喝！

紅蘿蔔＋甘薯＋
藍莓＋豆漿

〔慢磨機比例〕**3：2：2：1**

養成每天來杯基本款健康鮮果汁的習慣！

紅蘿蔔＋蘋果＋
亞麻仁油

〔慢磨機比例〕**2：3：少許**

材料	慢磨機	果汁機
紅蘿蔔	1根	¼根
甘薯	100g	20g
藍莓	100g	50g
豆漿	50ml	30ml
水	―	100ml

材料	慢磨機	果汁機
紅蘿蔔	1根	⅓根
蘋果	½顆	½顆
亞麻仁油	1小匙	1小匙
水	―	100ml
蜂蜜	―	1大匙

作法 ❶將紅蘿蔔的蒂切除，連皮縱切成4等份。甘薯連皮切成適當的大小。 ❷將①、藍莓用慢磨機碾磨。 ❸將②加入豆漿混合。如果使用果汁機，就把所有的材料放進去攪拌。

作法 ❶將紅蘿蔔的蒂切除，連皮縱切成4等份。蘋果切成4等份後去芯去籽。 ❷將①用慢磨機碾磨。如果使用果汁機，就把所有的材料放進去攪拌。倒進杯中，滴入亞麻仁油。

〔**OTHER COMBINATION**〕也可以用南瓜來代替甘薯，用草莓來代替藍莓！

〔**OTHER COMBINATION**〕也推薦用梨子或柳橙等來代替蘋果！

酵素Point

甘薯／豐富的食物纖維和從切口流出的汁液成分藥喇叭脂，對於消除便秘有效！

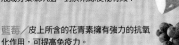

藍莓／皮上所含的花青素擁有強力的抗氧化作用，可提高免疫力。

酵素Point

蘋果／在果皮和近皮處存在許多有整腸作用的果膠和抗氧化作用的成分，所以要連皮一起碾磨。

JAPANESE RADISH

【效能】預防癌症、預防生活習慣病、消除胃難受、胃酸過多、胃部消化不良、宿醉等。

白蘿蔔 + 柚子 + 豆漿

〔慢磨機比例〕4：1：3

材料	慢磨機	果汁機
白蘿蔔	200g	100g
柚子	1顆	1顆
豆漿	150ml	150ml
蜂蜜	1大匙	2大匙

作法 ❶柚子去皮去籽。白蘿蔔縱切成細長形。❷將①用慢磨機碾磨，加入豆漿、蜂蜜混合。如果使用果汁機，就把所有的材料放進去攪拌。

OTHER COMBINATION 也可以用臭橙或檸檬來代替柚子。

酵素Point

柚子／豐富的檸檬酸有促進胃液分泌的效果，可以幫助消化。對於增進食慾、預防感冒也有效。

豆漿／黃豆的蛋白質中含有非常均衡的必需胺基酸，不妨積極地攝取。

74

口感黏稠,餘味清爽!

白蘿蔔+木瓜+萊姆

〔慢磨機比例〕2:1:0.5

送離疾病的特別組合!

白蘿蔔+蘋果

〔慢磨機比例〕1:1

材料	慢磨機	果汁機
白蘿蔔	200g	100g
蘋果	1顆	½顆
水	一	100ml
蜂蜜	一	1大匙

作法 ❶將蘋果切成4～8等份後去芯去籽。白蘿蔔切成細長形。❷將①用慢磨機碾磨。如果使用果汁機,就把所有的材料放進去攪拌。

OTHER COMBINATION 也推薦用橘子、葡萄等來代替蘋果,用紅蘿蔔來代替白蘿蔔。

酵素Point

蘋果/除了蘋果酸、有機酸、食物纖維之外,也含有多量的鐵、鉀、維生素C,可防止貧血和浮腫。

材料	慢磨機	果汁機
白蘿蔔	200g	100g
木瓜	100g	150g
萊姆	1顆	½顆
蜂蜜	1大匙	1大匙
水	一	100ml

作法 ❶木瓜和萊姆去皮去籽,切成適當的大小。白蘿蔔切成細長形。 ❷將①用慢磨機碾磨,加入蜂蜜混合。如果使用果汁機,就把所有的材料放進去攪拌。

OTHER COMBINATION 也推薦用蘋果、柳橙、芒果等來代替木瓜,用檸檬來代替萊姆。

酵素Point

木瓜/食物纖維豐富,也含有可幫助肉類料理消化的消化酵素——木瓜蛋白酶。

萊姆/和檸檬一樣,檸檬酸和維生素C很豐富,具有美膚效果。

$\mathcal{T}$OMATO

【效能】預防癌症、預防糖尿病、預防動脈硬化、美膚、消除肥胖等。

用薄荷和檸檬增添清爽的口感!

番茄+薄荷+檸檬

〔慢磨機比例〕6:少許:1

材料	慢磨機	果汁機
番茄(小)	3顆	1顆
薄荷	15g	5g
檸檬	1顆	½顆
蜂蜜	1大匙	2大匙
水	—	100ml

作法 ❶番茄去蒂,分成4等份。薄荷摘取葉片。檸檬去皮去籽。 ❷將①用慢磨機碾磨。 ❸將蜂蜜加入②中混合。如果使用果汁機,就把所有的材料放進去攪拌。

OTHER COMBINATION 用羅勒或奧勒岡來代替薄荷也很搭配!

酵素Point

薄荷／有放鬆效果和預防口臭、促進消化的作用,是高藥效性的香草。

檸檬／豐富的維生素C有助於膠原蛋白的生成。對Q彈美膚有極佳功效。

和在韓國大受歡迎的紅醋超級搭配！

番茄＋紅醋

〔慢磨機比例〕6：1

讓眼睛明亮的美容飲品！

番茄＋藍莓

〔慢磨機比例〕2：1

材料	慢磨機	果汁機
番茄（小）	1顆	1顆
藍莓	50g	50g
蜂蜜	1大匙	1大匙
碳酸水	100ml	100ml

作法 ❶番茄去蒂，分成4等份。連同藍莓一起用慢磨機碾磨。❷加入蜂蜜混合後，加入碳酸水。如果使用果汁機，就把番茄、藍莓、蜂蜜放進去攪拌混合後，再加入碳酸水。

OTHER COMBINATION〉也可以添加葡萄或檸檬等來代替藍莓。

酵素Point

藍莓／除了回復視力的效果之外，抗氧化作用高，對預防癌症和防止老化也有效果。

材料	慢磨機	果汁機
番茄（小）	3顆	2顆
紅醋	3大匙	3大匙
蜂蜜	1大匙	1大匙
水	—	100ml

作法 番茄去蒂，分成4等份，用慢磨機碾磨。加入紅醋、蜂蜜混合。如果使用果汁機，就把所有的材料放進去攪拌。

OTHER COMBINATION〉用蘋果醋、檸檬醋等來代替紅醋也很好喝。

酵素Point

紅醋／這是以石榴、藍莓等為原料製成的醋，所以檸檬酸、胺基酸、食物纖維都很豐富。有減肥效果，也有消除便秘等的效果。

水果 & 蔬菜的切法

只有食譜的話，
應該會有很多人不知道要如何切蔬果吧！
在此要為各位介紹主要登場的
水果和蔬菜的切法。

柳橙

將果皮和薄皮一起去除就會很簡單！

一手拿柳橙，以削除蘋果皮的要領，將果皮和薄皮一起去除。

橫切成半，有籽的話就去除。整瓣剝開，仔細地去除種籽。

鳳梨

只要削除果皮後去芯即可！

縱切成可以放入慢磨機的細長形後放平，將果皮削除。

芯部堅硬的部分要用刀尖切掉。如果是有機鳳梨的話，可以連皮一起碾磨。

蘋果

去除芯和種籽，保留外皮！

蘋果切成4～8等份（視蘋果的大小來切），去除芯和種籽。

蘋果直接放著的話會變成褐色，所以要在浸泡鹽水中。

香蕉

只要整根剝皮切開即可！

香蕉剝皮，如果果蒂處有堅硬部分或是黑色部分就切掉。切成一口大小。

奇異果

去皮後，對半切開即可！

刀子切入蒂頭的部分，手指壓住蒂頭，將奇異果轉動一圈，切除蒂頭。

去皮後，縱切成半。依奇異果的大小來調整切塊的大小。

火龍果
火龍果的種籽要保留！

縱向切成2等份後，再次對半切開。

刀子插入外皮和果肉之間，用力將皮拉除。

哈密瓜
要將種籽清除乾淨！

將哈密瓜切成4等份，用湯匙除去種籽。仔細清除，不要留下種籽。

再縱切成半，將刀子切入果肉和果皮之間，切除果皮。

無花果
沒有種籽，直接切開即可！

先將無花果的前端切掉，用近刀柄處或湯匙等削除果皮。

縱切成半。中間的粒狀物並不是種籽，而是花的聚集物，可以直接保留。

木瓜
黑色種籽的部分要完全去除！

切掉蒂頭後，縱切成2等份，用稍大的湯匙去除種籽。

縱切成8等份，用刀子去除外皮。切成細長形，比較容易放進慢磨機中。

酪梨
將大大的種籽和皮完全去除！

刀子縱向切入到種籽處，沿著種籽轉一圈地切開後，將果實轉開。以近刀柄處的刀角刺進種籽，轉一下即可取出。分成4等份後去皮。

芒果
芒果要避開扁平的種籽來切！

避開種籽地將兩側切下來。去皮，切成細長形。

將種籽周圍的果肉切下來，重點是不要浪費。

番茄
番茄不需要去皮！

1
用刀尖將番茄的蒂挖除。使
用水果刀便能輕易完成。

2
用刀子切成可以放入慢磨機
開口的扇塊。種籽可直接保
留。

紅蘿蔔
紅蘿蔔只要切成縱長形即可！

1
將紅蘿蔔蒂頭部分約1cm處
及根部切掉。

2
連皮縱切成4等份。因為要
連皮使用，如果不是無農藥
的紅蘿蔔，就要用小蘇打粉
充分清洗。

白蘿蔔・蕪菁
白蘿蔔和蕪菁不用去皮！

白蘿蔔一根切成3段
後，將每一段縱向對
切。切口朝下放置，再
縱向切成3等份。蕪菁
則是將刀子切入根部，
將葉子和根部切離。去
除根部堅硬的部分後，
縱向切成2～4等份。

高麗菜・白菜
配合慢磨機的開口大小！

高麗菜切成可放入慢磨機開
口的大小。

白菜連芯，切成可放入慢磨
機開口的細長狀。

青椒・甜椒
將白色內架和種籽去除乾淨！

1

2
青椒、甜椒縱切成半，用手
將種籽和內架清除乾淨。

放進盛滿水的水盆中，連內
側也要充分清洗乾淨。

青菜
將根部的泥土仔細清洗乾淨！

菠菜將根部的泥土充分洗淨
後，切除根部，數片一起放
進慢磨機中。

青江菜切除根部後，縱向對
半切開，數片一起放慢磨
機中。

小黃瓜

澀味重的部分要多切掉一些！

將小黃瓜澀味重的蒂頭部分多切掉一些。

另一頭的根部也切掉，直接放入慢磨機中。

青花菜

青花菜分成小朵，莖部也不要浪費！

用刀尖從青花菜小朵花的根部切開，漂過鹽水後充分清洗。

將莖部外側堅硬的皮削除後，縱切成細長條，放入慢磨機中。

蓮藕

如果要去皮，就使用削皮器！

雖然蓮藕也可以連皮一起碾磨，但如果不喜歡皮的澀味的話，可以用削皮器去皮後，在水中充分浸泡，之後再放入碾磨。

花椰菜

學習花椰菜的預備處理！

摘掉外側的葉子，將莖和花切離。

用刀尖從花的根部切開。莖部同樣去皮，放進慢磨機中。

苦瓜

將內絮和種籽去除乾淨！

苦瓜兩端各切掉約1cm，縱向對半切開。

用湯匙由上往下將內絮和種籽去除乾淨。

綠蘆筍

將根部堅硬的部分切除或是去皮！

將綠蘆筍根部堅硬的部分（距離根部2～3cm處）切除。

如果不切掉，就用削皮器將下方堅硬部分的皮去除。

不同症狀
特調
鮮果汁

覺得身體好像不太舒服時，
就來做一杯針對症狀、
具有藥效性的鮮果汁吧！

Symptom

疲　勞

覺得疲勞累積時，
喝這杯鮮果汁就對了！

【對疲勞有效的食材】
綠蘆筍、葡萄、鳳梨等

材料	慢磨機	果汁機
綠蘆筍	100g	50g
葡萄柚	1顆	½顆
奇異果	1顆	1顆
水	—	100ml
蜂蜜	—	1大匙

疲勞累積時，就喝這一杯！

綠蘆筍＋葡萄柚＋
奇異果

作法　❶葡萄柚去皮分成4等份，除去種籽。奇異果去皮，對半切開。　❷將綠蘆筍和①用慢磨機碾磨。如果使用果汁機，就把所有的材料放進去攪拌。

消除
疲勞
Point

綠蘆筍所含的天門冬氨酸，以及葡萄柚、奇異果的檸檬酸可以消除疲勞！

在疲倦的早上飲用，讓你活力充沛！

巨峰葡萄＋豆漿＋小荳蔻粉

材料	慢磨機	果汁機
巨峰葡萄	150g	150g
豆漿	100ml	150ml
小荳蔻粉	少許	少許

作法　❶將巨峰葡萄一顆顆摘下，用慢磨機碾磨。　❷將豆漿加入①中混合，倒入杯中後，撒上小荳蔻粉。如果使用果汁機，就把小荳蔻粉以外的材料放進去攪拌。

消除疲勞 Point　巨峰葡萄所含的葡萄糖和果糖可迅速轉變成熱量，具有消除疲勞的效果。再添加富含可促進醣類代謝的維生素B₁的豆漿，以及具有消除疲勞效果的小荳蔻！

爽口的酸味將疲勞一吹而散！

綠蘆筍＋鳳梨＋豆漿＋胡荽粉

材料	慢磨機	果汁機
綠蘆筍	150g	50g
鳳梨	150g	100g
豆漿	50ml	50ml
胡荽粉	少許	少許
水	—	100ml

作法　❶鳳梨去皮後，切成大塊。　❷將綠蘆筍、①用慢磨機碾磨。　❸將豆漿加入②中混合，倒入杯中後，撒上胡荽粉。如果使用果汁機，就把胡荽粉以外的材料放進去攪拌。

消除疲勞 Point　以綠蘆筍所含的天門冬氨酸和鳳梨所含的檸檬酸之雙重效果來消除疲勞！

便　秘

女性常見的煩惱・便秘，
可以選擇食物纖維豐富的
蔬菜和水果來解除！

【對便秘有效的食材】
西洋梨、桃子、優格、
花椰菜、蘋果等

材料	慢磨機	果汁機
桃子	1顆	1顆
花椰菜	80g	50g
原味優格	80g	70g
胡荽粉	少許	少許
水	—	100ml
蜂蜜	—	1大匙

食物纖維和發酵食品的無敵組合！

桃子＋花椰菜＋
優格＋胡荽粉

作法　❶桃子去皮去籽後，切成適當的大小。花椰
菜分成小朵。　❷將①用慢磨機碾磨。　❸將優格加
入②中混合，倒入杯中，撒上胡荽粉。如果使用果
汁機，就把胡荽粉以外的所有材料放進去攪拌。

消除便秘 Point	組合含有水溶性食物纖維的桃子、含有非水溶性食物纖維的花椰菜，以及發酵食品中的優格，成為最強的消除便秘飲品！

富含果膠的無花果和蘋果能使腹部舒暢！

無花果＋蘋果＋豆漿

材料

材料	慢磨機	果汁機
無花果	1顆	½顆
蘋果	1顆	½顆
豆漿	50ml	100ml
蜂蜜	─	1大匙

作法 ❶無花果去皮後，對半切開。蘋果連皮切成4～8等份後，去芯去籽。 ❷將①用慢磨機碾磨。 ❸將豆漿加入②中混合。如果使用果汁機，就把所有的材料放進去攪拌。

消除便秘 Point
無花果、蘋果中含有多量屬於水溶性食物纖維的果膠，對於消除便秘可發揮效果。豆漿中所含的「寡糖」可增加腸內的好菌，使效果更明顯。

將南國水果做成清爽、美味的飲品！

火龍果＋柳橙＋萵苣

材料

材料	慢磨機	果汁機
火龍果	½顆	½顆
柳橙	1顆	½顆
萵苣	100g	50g
水	─	100ml
蜂蜜	─	1大匙

作法 ❶火龍果對半切開後去皮。柳橙去皮去籽，切成適當的大小。 ❷將①、萵苣用慢磨機碾磨。如果使用果汁機，就把所有的材料放進去攪拌。

消除便秘 Point
火龍果多含可促進腸子蠕動的水溶性食物纖維，種籽也可刺激腸子，消除便秘。

Symptom

排　毒

排毒就是把積存在
身體裡面的毒素排出去。
在此組合有效的
蔬菜和水果！

【對排毒有效的食材】
酪梨、青花菜、奇異果、鳳梨等

材料	慢磨機	果汁機
青花菜	100g	30g
洋蔥	25g	25g
奇異果	1顆	1顆
豆漿	100ml	150ml
蜂蜜	—	1 ½大匙
小茴香粉	少許	少許

作法　❶青花菜分成小朵，洋蔥、奇異果去皮，切
成適當的大小。　❷將①用慢磨機碾磨。　❸將豆漿
加入②中混合，倒入杯中，撒上小茴香粉。如果使
用果汁機，就把小茴香粉以外的材料放進去攪拌。

小茴香是味道的重點！

青花菜＋洋蔥＋
奇異果＋豆漿＋
小茴香粉

排毒
Point

富含硒的青花菜、富含槲皮素和硫化烯丙基的
洋蔥，以及抗氧化作用高的奇異果，是排毒的
最強組合。

濃稠的鮮果汁提高飽足感！

酪梨＋鳳梨＋黑棗梅

材料	果汁機
酪梨	½顆
鳳梨	150g
黑棗梅	1粒
水	200ml

作法 ❶酪梨去籽去皮，鳳梨去皮後將芯切掉，切成適當的大小。 ❷將①、黑棗梅、水一起用果汁機攪拌。

排毒 Point　酪梨是可高度促進脂肪燃燒和排毒效果的水果。再加上食物纖維豐富的鳳梨、利尿作用高的黑棗梅，可將身體內的毒素加以排出！

滑順可口，容易飲用！

青花菜＋奇異果＋香蕉＋豆漿

材料	果汁機
青花菜	50g
奇異果	½顆
香蕉	½根
豆漿	100ml

作法 ❶將青花菜分成小朵，奇異果、香蕉去皮，切成適當的大小。 ❷將①、豆漿一起用果汁機攪拌。

排毒 Point　用富含硒的青花菜、抗氧化作用高的奇異果，以及富含鉀的香蕉來排毒！

虛 冷

有萬病根源之稱的虛冷，症狀是血液循環不良，尤其是手腳末端經常冰冷。請攝取可溫暖身體的蔬菜和水果吧！

【 對虛冷有效的食材 】

薑、蓮藕、白蘿蔔、紅蘿蔔等

材料	慢磨機	果汁機
紅蘿蔔	3根	½根
薑	15g	5g
柚子	2顆	½顆
蜂蜜	1大匙	2大匙
水	—	100ml

作法　❶紅蘿蔔切掉蒂頭，連皮縱切成4等份。柚子去皮去籽。　❷將①、薑用慢磨機碾磨，加入蜂蜜混合。如果使用果汁機，就把所有的材料放進去攪拌。

辛辣的薑味讓人一喝上癮！

紅蘿蔔＋薑＋柚子

消除虛冷 Point　將可溫熱身體的紅蘿蔔和薑做成果汁，每天飲用，可以改善虛冷。柚子有促進血液循環的作用，更具加乘效果。

適度的濃稠口感非常好喝！

蓮藕＋蘋果

材料	慢磨機	果汁機
蓮藕	150g	50g
蘋果	1顆	½顆
水	—	200ml
蜂蜜	—	2大匙

作法 ❶蘋果連皮切成4～8等份，去芯去籽。蓮藕連皮切成適當的大小。 ❷將①用慢磨機碾磨。如果使用果汁機，就把所有的材料放進去攪拌。

消除虛冷 Point　這是在水果中不會造成身體冰冷的蘋果以及滋養強壯效果高的蓮藕的組合。也可依照個人喜愛加入薑。

因為柳橙而變得容易飲用的改善虛冷飲品！

紅蘿蔔＋白蘿蔔＋柳橙

材料	慢磨機	果汁機
紅蘿蔔	1根	¼根
白蘿蔔	100g	30g
柳橙	1顆	1顆
水	—	100ml

作法 ❶紅蘿蔔切除蒂頭，連皮縱切成4等份。柳橙去皮去籽，切成適當的大小。白蘿蔔也連皮縱切成細長條。 ❷將①用慢磨機碾磨。如果使用果汁機，就把所有的材料放進去攪拌。

消除虛冷 Point　根菜類的紅蘿蔔和白蘿蔔可以促進血液循環，改善虛冷。柳橙有整腸作用，所以也有改善便秘、清血效果。

感 冒

要預防感冒症候群、
流行性感冒等，就要喝富含
維生素C的生鮮蔬果汁！

【可預防感冒的食材】
蓮藕、蘋果、葡萄柚、
奇異果、青花菜等

材料	慢磨機	果汁機
蘋果	1顆	½顆
蓮藕	100g	30g
白菜	100g	30g
柚子	1顆	1顆
水	100ml	200ml
蜂蜜	—	1大匙

作法 ❶蘋果連皮切成4～8等份，去芯去籽。柚子
去皮去籽。蓮藕連皮切成適當的大小。 ❷將白
菜、①、水用慢磨機碾磨。如果使用果汁機，就把
所有的材料放進去攪拌。

富含維生素C的和風飲品！

蘋果＋蓮藕＋
白菜＋柚子

預防
感冒
Point

利用蘋果果膠的保護黏膜作用和蘋果酸的消炎
作用來預防感冒。蓮藕、白菜、柚子中豐富的
維生素C也可預防感冒！

葡萄柚可消除蔬菜的澀味，帶來清爽的口感！

青花菜＋葡萄柚

材料	慢磨機	果汁機
青花菜	100g	30g
葡萄柚	1顆	1顆
水	—	100ml

作法　❶青花菜分成小朵。葡萄柚去皮後分成4等份，去除種籽。　❷將①用慢磨機碾磨。如果使用果汁機，就把所有的材料放進去攪拌。

預防感冒 Point　青花菜含有豐富的β胡蘿蔔素及維生素C。葡萄柚中也有豐富的維生素C，對預防感冒也有效果。

溫暖身體來擊退感冒！

奇異果＋蓮藕＋薑

材料	慢磨機	果汁機
奇異果	2顆	1顆
蓮藕	100g	50g
薑	10g	5g
蜂蜜	1大匙	1 ½大匙
水	—	150ml

作法　❶奇異果去皮，對半切開。蓮藕連皮切成適當的大小。　❷將①、薑用慢磨機碾磨。　❸將蜂蜜加入②中混合。如果使用果汁機，就把所有的材料放進去攪拌。

預防感冒 Point　利用具有溫暖身體效果的薑和蓮藕，以及維生素C豐富的奇異果，創造不容易感冒的身體！

宿　醉

不知不覺飲酒過度，
第二天頭痛難忍……
介紹這種時候可以
飲用的鮮果汁！

【對宿醉有效的食材】
小黃瓜、哈密瓜、蘋果、高麗菜等

材料	慢磨機	果汁機
小黃瓜	1根	½根
蘋果	1顆	½顆
原味優格	50g	50g
蜂蜜	1大匙	1大匙
薑黃粉	少許	少許
水	—	100ml

餘味清爽，容易飲用！

小黃瓜＋蘋果＋
優格＋薑黃粉

作法　❶小黃瓜切掉兩端。蘋果連皮切成4～8等份後，去芯去籽。　❷將①用慢磨機碾磨。　❸將優格、蜂蜜加入②中混合，倒進杯中後撒上薑黃粉。如果使用果汁機，就把薑黃粉以外的材料放進去攪拌。

消除宿醉Point　含鉀豐富的小黃瓜具有利尿作用，還有蘋果的果糖和水分，對解除宿醉都有效。撒上薑黃粉末，更具效果！

飲酒餐會前來先喝一杯！

哈密瓜＋豆漿＋芝麻糊

材料	慢磨機	果汁機
哈密瓜	200g	150g
豆漿	50ml	100ml
白芝麻糊	1小匙	1小匙
蜂蜜	—	½大匙

作法 ❶哈密瓜去籽去皮，切成適當的大小，用慢磨機碾磨。 ❷將豆漿、芝麻糊加入①中充分混合。如果使用果汁機，就把所有的材料放進去攪拌。

 消除宿醉 Point　在飲酒前先攝取豆漿之類的優質蛋白質和芝麻糊，可以預防酒醉難受、宿醉。

宿醉時的特調飲料！

哈密瓜＋小黃瓜＋
高麗菜＋檸檬

材料	慢磨機	果汁機
哈密瓜	200g	100g
小黃瓜	1根	30g
高麗菜	100g	30g
檸檬	1顆	½顆
水	—	100ml
蜂蜜	—	1大匙

作法 ❶哈密瓜去籽去皮，切成適當的大小。小黃瓜切掉兩端。高麗菜切成大塊。檸檬去皮去籽。 ❷將①用慢磨機碾磨。如果使用果汁機，就把所有的材料放進去攪拌。

 消除宿醉 Point　組合利尿作用高的哈密瓜、小黃瓜，還有富含肝臟解毒作用的維生素U的高麗菜。也建議同時攝取大量的水。

脂 肪 燃 燒

減肥時在意的就是體脂肪。
組合脂肪燃燒效果高的
食材，有效地減肥吧！

【對脂肪燃燒有效的食材】
甜椒、薑、萊姆、檸檬、
葡萄柚、綠茶葉等

材料	慢磨機	果汁機
紅甜椒	2顆	1顆
鳳梨	100g	100g
蜂蜜	1大匙	1 ½大匙
水	—	100ml

作法 ❶甜椒去籽，切成適當的大小。鳳梨去皮後
切成細長條，將芯部切掉。 ❷將①用慢磨機碾
磨。 ❸將蜂蜜加進②中混合。如果使用果汁機，
就把所有的材料放進去攪拌。

鳳梨的甜味很好喝！

甜椒＋鳳梨

脂肪
燃燒
Point

紅甜椒含有豐富的辣椒紅素，具有燃燒體脂肪
和促進代謝機能的效果。鳳梨所含的名為菠蘿
蛋白酶的蛋白質分解酵素則可分解脂肪，提高
代謝。

抗氧化作用高，是減肥＆美容飲品！

甜椒＋蘋果＋綠茶葉

材料	慢磨機	果汁機
紅甜椒	1顆	½顆
蘋果	1顆	½顆
綠茶葉	1大匙	2大匙
水	50ml	200ml

作法　❶將綠茶葉浸泡在分量的水中。　❷甜椒去籽，切成適當的大小。蘋果連皮分成4～8等份，去芯去籽。　❸將②用慢磨機碾磨，加入過濾過的①混合。如果使用果汁機，就把所有的材料放進去攪拌。

脂肪燃燒Point　綠茶中所含的「兒茶素」，以及蘋果所含的蘋果多酚中的「前花青素」都有燃燒脂肪的效果。

使用豆漿，口感溫和不刺激！

甜椒＋豆漿＋薑

材料	慢磨機	果汁機
紅甜椒	3顆	1顆
薑	10g	5g
豆漿	50ml	200ml
蜂蜜	2大匙	2大匙

作法　❶甜椒去籽，切成適當的大小。　❷將①、薑用慢磨機碾磨。　❸將豆漿、蜂蜜加入②中混合，倒入杯中。如果使用果汁機，就把所有的材料放進去攪拌。

脂肪燃燒Point　使用富含辣椒紅素的甜椒，以及富含薑辣素和薑酮的薑，有促進血液循環、燃燒脂肪的效果。

Symptom

浮　腫

當腳和臉部顯得腫脹、
出現浮腫症狀時，
就用利尿效果高的蔬菜＆
水果來消除浮腫吧！

【對浮腫有效的食材】
小黃瓜、哈密瓜、蓮藕、
綠蘆筍等

材料	慢磨機	果汁機
哈密瓜	200g	100g
綠蘆筍	100g	50g
豆漿	50ml	100ml
蜂蜜	1大匙	2大匙

作法　❶哈密瓜去籽去皮。　❷將①、綠蘆筍用慢磨機碾磨。　❸將豆漿、蜂蜜加入②中混合。如果使用果汁機，就把所有的材料放進去攪拌。

消除浮腫的滑順飲品！

哈密瓜＋
綠蘆筍＋豆漿

消除
浮腫
Point

綠蘆筍、哈密瓜中含有利尿效果高的鉀，可以預防浮腫和高血壓。檸檬的檸檬酸可以促進血液循環，排出多餘的水分。

96

完成有檸檬清爽風味的綠色果汁！

綠蘆筍＋小黃瓜＋檸檬

材料	慢磨機	果汁機
綠蘆筍	100g	50g
小黃瓜	1根	1根
檸檬	1顆	1顆
蜂蜜	1大匙	2大匙
水	—	100ml

作法　❶小黃瓜切掉兩端。檸檬去皮去籽。　❷將綠蘆筍、①用慢磨機碾磨。　❸將蜂蜜加入②中混合。如果使用果汁機，就把所有的材料放進去攪拌。

消除
浮腫
Point

綠蘆筍、小黃瓜中含有利尿效果高的鉀，可以預防浮腫和高血壓。檸檬的檸檬酸可以促進血液循環，排出多餘的水分。

用柳橙增加甜味，好喝！

蓮藕＋柳橙＋薑

材料	慢磨機	果汁機
蓮藕	150g	50g
柳橙	1顆	1顆
薑	10g	5g
水	—	100ml
蜂蜜	—	1大匙

作法　❶柳橙去皮後，去除薄皮和種籽，切成適當的大小。蓮藕連皮切成適當的大小。　❷將①、薑用慢磨機碾磨。如果使用果汁機，就把所有的材料放進去攪拌。

消除
浮腫
Point

蓮藕有利尿作用，可以改善浮腫。和柳橙搭配，可以補充維生素C，也有美膚效果。薑可以促進血液循環，提高代謝，預防浮腫。

推薦！
沙瓦飲品

為了創造健康，來用醋和水果製作沙瓦飲品吧！
也可以吸收到醋中所含的檸檬酸和水果中豐富的維生素及礦物質。

※飲用方法：將約2大匙的沙瓦加上200ml的水或碳酸水來稀釋，非常好喝。

有美膚效果，可強化肝臟機能，
創造美麗肌膚！

草莓沙瓦

材料（容易製作的分量）

草莓	200g
穀物醋	400ml
蜂蜜	200g

作法
草莓去蒂，對半切開，放進乾淨的瓶子
裡，加入蜂蜜和醋。蓋上蓋子後，上下左
右搖動混合。以常溫保存，偶爾搖動瓶子
加以混合。

促進蛋白質的消化，
消除便秘、預防感冒！

奇異果沙瓦

材料（容易製作的分量）

奇異果	3顆
穀物醋	400ml
蜂蜜	200g

作法
奇異果去皮，切成圓片狀，放進乾淨的瓶
子裡，加入蜂蜜和醋。蓋上蓋子後，上下
左右搖動混合。以常溫保存，偶爾搖動瓶
子加以混合。

可以清血、改善便祕、消除疲勞！

蘋果沙瓦

材料（容易製作的分量）

蘋果	1顆
薑	1片
穀物醋	400ml
蜂蜜	200g

作法

蘋果去芯去籽，切成扇形；薑切成薄片，放進乾淨的瓶子裡，加入蜂蜜和醋。蓋上蓋子後，上下左右搖動混合。以常溫保存，偶爾搖動瓶子加以混合。

預防高血壓、促進消化、預防感冒！

白蘿蔔＋檸檬沙瓦

材料（容易製作的分量）

白蘿蔔	150g
檸檬	1顆
蘋果醋	400ml
蜂蜜	200g

作法

白蘿蔔切成扇形，檸檬切成圓片狀，放進乾淨的瓶子裡，加入蜂蜜和醋。蓋上蓋子後，上下左右搖動混合。以常溫保存，偶爾搖動瓶子加以混合。

備受矚目的成分異硫氰酸酯是什麼？

對預防癌症有效的異硫氰酸酯，是現今最受矚目的成分。
讓我們來看看它具體上有什麼樣的效能，又包含在什麼樣的食材之中吧！

富含於十字花科蔬菜中的強力抗氧化成分

異硫氰酸酯是辣味或是強烈刺激性氣味來源的成分，有強力的抗氧化作用，對於預防癌症有效。在美國國立癌症研究所所選出的高效預防癌症食品「Designer Foods（計畫性食品）」中，位居上位的有許多都是高麗菜、青花菜、花椰菜等十字花科的蔬菜，這些蔬菜都因為含有豐富的異硫氰酸酯而受到矚目。

最有效的攝取方法是生食！慢磨機＆磨泥是最好的！

將十字花科蔬菜蒸過、煮過後大量食用，就會比較好嗎？答案是NO！目前已知十字花科蔬菜如果不是「生」吃，異硫氰酸酯就無法被活性化。加進鮮果汁中，或是做成生菜沙拉、醋漬食品、磨泥來食用是最具效果的。想要將乳癌風險降低到極限，生吃十字花科蔬菜也是最好的。請每天有意識地加以攝取吧！

對預防癌症有效果的Designer Foods

*以金字塔狀將預防癌症效果高的40種食品分成3群進行表列。越往頂端，防癌效果越好。

效果高

大蒜、黃豆、高麗菜、薑、紅蘿蔔、芹菜、甘草、荷蘭防風草

洋蔥、茶、薑黃、糙米、全粒小麥、亞麻、柑橘類（柳橙、檸檬、葡萄柚）、茄科（番茄、茄子、青椒）、十字花科（青花菜、花椰菜、高麗菜芽）

哈密瓜、羅勒、茵陳蒿、燕麥、薄荷、奧勒岡、百里香、胡蔥、迷迭香、鼠尾草、小黃瓜、馬鈴薯、大麥、漿果類

取自美國國立癌症研究所「Designer Foods」

PART 4

午餐和晚餐要儘量多食用！

沙拉＆醋漬食品 ＆蔬菜泥食譜

最好午餐和晚餐都一定要攝取的
富含酵素的生鮮蔬菜＆醋漬食品＆蔬菜泥濃湯。
只要每天積極地食用，就能漂亮瘦下來，獲得健康！

早餐如果喝鮮果汁，那麼午餐和晚餐就要採取充分添加生鮮蔬果以及發酵食品的飲食生活。來學習製作時的要領吧！

製作生菜沙拉的要領！

說到生菜料理，最簡單的就是生菜沙拉了。來掌握食材組合的要領吧！

1 調味料要用心思！

製作沙拉時，好不好吃的重點就在於沙拉醬等調味料。請儘量使用傳統製法的調味料，尤其對油更要講究。再添加香草或辛香料來強調味道，就會更加美味。

POINT　推薦！亞麻仁油

亞麻仁油是從「亞麻」這種植物的種籽中抽取出對身體有益、富含α-亞麻酸的好油。紫蘇油、荏胡麻油也同樣推薦。由於一加熱就會立刻氧化，所以最適合生食。

2 組合生菜和水果

最有效的就是組合生菜和水果的水果沙拉。可充分攝取到兩者的酵素。建議從未在沙拉裡添加水果的人一定要嘗試看看。最近芽菜的種類也越來越多，不妨也試著加入沙拉中。

POINT　推薦！芽菜類

芽菜就是指植物的新芽。有豐富的維生素、礦物質及酵素。除了蘿蔔嬰之外，還有青花菜芽、苜蓿芽、空心菜芽等，種類非常豐富。

製作醋漬食品的要領！

將生鮮蔬菜醃漬在調味醋中的「醋漬食品」。也可以做成醃泡料理、沙瓦飲品等等，做法豐富，不妨做多一些當作常備菜吧！

1 使用各種不同的醋來製作看看

醋的主要成分是醋酸，除了消除疲勞、抑制血糖質上升等作用之外，也能使酵素活性化。只要將滿含酵素的蔬菜或水果用醋醃漬，就能完成超級酵素食品。醋有各種不同的種類，不妨分別使用，擴展菜單的範圍。

2 除了醋漬之外，也可以做成醃泡料理和沙瓦飲品！

不只是在生菜上撒鹽揉搓、加醋做成醋漬食品，也可以用來製作醃泡料理或沙瓦飲品，以增加菜單的變化性。任何一種做法都利於長期保存，大量做好放著備用，就是方便每餐取食的重點。

POINT　推薦！各種不同的醋

黑醋
將米醋或糙米醋長期間熟成的醋。富含胺基酸。

陳年葡萄醋
以甜度高的葡萄為原料，長期間熟成的醋。

蘋果醋
以蘋果為原料，清爽的甘甜香氣是其特色。

穀物醋
以麥、玉米或酒粕等為原料製成的醋。

米醋
以米為原料，是日本歷史最悠久的醋。

葡萄酒醋
以葡萄酒為原料，酸味和香氣是其特色。

磨泥的要領！

將蔬菜或水果磨成泥，
據說就能讓酵素活性化，使效用增加數倍。
請想辦法把它加進每天的菜單中吧！

1 選擇安心・安全的蔬菜＆水果

蔬菜和水果的近皮處含有豐富的營養素，所以請連皮一起磨泥。正因為如此，選擇安心・安全的無農藥、無肥料蔬菜＆水果就很重要。如果無法購得的話，只要用小蘇打粉搓洗外皮，再用流水將農藥沖洗乾淨就能安心了。

2 要吃之前才用研磨器研磨

研磨後，時間一久就會氧化掉，酵素也會消失。所以研磨蔬菜或水果時，最好在食用之前才研磨。還有，研磨時最好使用金屬製的研磨器，比較可以確實地研磨。

POINT 有機蔬菜最安全？

雖然一般人傾向於認為有機蔬菜最安全，但其中也不乏使用的肥料有問題的。請選擇不依賴肥料，只靠土壤便能長大的無農藥・無肥料的蔬菜。

番茄也是連皮磨泥，使用在調味醬或是湯品上。

馬鈴薯或甘薯也是連皮磨泥較為理想，但若是在意苦辣味的話，去皮後再磨泥也沒關係。

攝取發酵食品的要領！

作為酵素食物，最受矚目的是納豆、韓式泡菜、醬菜等發酵食品。
每天每餐加以攝取，可以調整腸內環境。

1 在午餐和晚餐攝取納豆或韓式泡菜、醬菜

發酵食品含有大量的酵素，可以增加腸內的好菌，使壞菌減少，調整腸內環境。每天每餐攝取，可改善便秘、提高免疫力等，對身體好處多多。請與沙拉或涼拌菜等一起食用吧！

2 用生味噌、醬油等發酵調味料來調味

日本從以前就有的味噌、醬油等發酵調味料中也含有很多酵素。製作生菜沙拉或是涼拌菜、醋漬食品時，請儘量使用生味噌或醬油等發酵調味料。這樣一來，自然比較容易攝取酵素。

POINT 發酵食品所含的植物性乳酸菌

納豆或優格、韓式泡菜、醬菜、生味噌等發酵食品中富含的植物性乳酸菌，能夠活著抵達腸內深處，可以增加好菌，趕走壞菌。

POINT 什麼是生味噌？

味噌有加熱過的味噌和非加熱的生味噌2種。生味噌因為未經加熱，所以以乳酸菌仍是活著的。挑選味噌時，建議選擇生味噌。

12

蔬菜或水果經過研磨，酵素量就會倍增！
不妨做成調味醬，
淋在沙拉、副菜上食用吧！

Dressing Recipes of grated vegetables

柚子胡椒是味道的重點！

山藥調味醬

材料（約1杯份）

山藥	100g
味醂	50ml
A 柚子胡椒	½小匙
麻油・醋・醬油	各1大匙

作法

❶山藥去皮後磨泥。味醂倒入鍋中，開大火讓酒精揮發掉，放涼。❷將A加入①中混合。

用於這些料理上
生菜沙拉、涼麵、清蒸蔬菜等。

梅子醋的風味非常好吃！

蕪菁調味醬

材料（少於1杯份）

蕪菁	100g
A 梅子醋	2大匙
亞麻仁油	2大匙
鹽	½小匙

作法

蕪菁切掉葉子後，連皮一起磨泥，加入A中混合。

用於這些料理上
生菜沙拉、海藻沙拉、炸豆腐等。

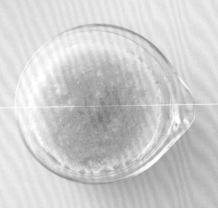

柚子風味是美味清淡的日式風味

白蘿蔔調味醬

材料（約1杯份）

白蘿蔔	100g
A 醬油	2大匙
亞麻仁油	2大匙
醋	2大匙
柚子汁	1小匙

作法

白蘿蔔連皮一起磨泥，加入A中混合。

用於這些料理上
生菜沙拉、生魚片沙拉、涮肉片沙拉等。

酵素補給！ 蔬菜泥調味醬食譜

也能充分攝取到β胡蘿蔔素！
紅蘿蔔調味醬

材料（約1杯份）

紅蘿蔔	100g
蒜頭	½片
A 橄欖油	4大匙
白葡萄酒醋	3大匙
鹽	½小匙
胡椒	少許
蒔蘿（或荷蘭芹）	
碎切	1小匙

作法

將連皮的紅蘿蔔、蒜頭磨泥，加入A中混合。

用於這些料理上
生菜沙拉、清蒸蔬菜、海鮮沙拉等。

魚露和檸檬汁的風味非常清爽！
小黃瓜調味醬

材料（約1杯份）

小黃瓜	100g
蒜頭	½片
薑	½片
A 亞麻仁油	2大匙
醋	1大匙
檸檬汁・魚露	
	各1大匙
胡椒	少許

作法

將小黃瓜、蒜頭、薑磨泥，加入A中混合。

用於這些料理上
生菜沙拉、粉絲沙拉、涮豬肉沙拉等。

山葵風味非常美味的和風調味醬
蓮藕調味醬

材料（約1杯份）

蓮藕	100g
A 醬油・亞麻仁油	
	各2大匙
醋	1大匙
檸檬汁	1小匙
山葵泥	½小匙

作法

蓮藕連皮磨泥，加入A中混合。

用於這些料理上
生菜沙拉、涼拌青菜、涼拌豆腐、涼麵、烏龍麵等。

洋蔥、蘋果、咖哩粉是味道的重點！

薑調味醬

材料（約1杯份）

薑	30g
洋蔥	½顆
蘋果	¼顆
A 橄欖油・葡萄酒醋	
	各1大匙
醬油	1小匙
鹽	½小匙
咖哩粉	¼小匙
胡椒	少許

作法

❶將薑、洋蔥磨泥。蘋果連皮研磨。 ❷將A加入①中混合。

用於這些料理上
生菜、燙青菜、煎豬肉片、義大利麵的調味醬等。

味噌風味絕佳的濃稠調味醬

芋頭調味醬

材料（約1杯份）

芋頭	80g
洋蔥	¼顆
薑	1片
A 醋・亞麻仁油	
	各2大匙
味噌	1大匙
鹽	少許

作法

❶將去皮的芋頭、洋蔥、薑磨泥。 ❷將A加入①中混合。

用於這些料理上
生菜沙拉、涼拌青菜、涼拌豆腐、蒟蒻等。

加入芝麻糊提高濃郁口感！

洋蔥調味醬

材料（約1杯份）

洋蔥・蘋果	各½顆
蒜頭	1片
A 白芝麻糊	2大匙
亞麻仁油・醋・醬油	
	各1½大匙
胡椒	少許

作法

❶將洋蔥、蒜頭磨泥。蘋果連皮一起研磨。❷將A加入①中混合。

用於這些料理上
生菜、海鮮沙拉、蘑菇沙拉等。

陳年葡萄醋的風味讓味道更加濃郁

馬鈴薯調味醬

材料（約1杯份）

馬鈴薯	80g
洋蔥	¼顆
蒜頭	1片
A 橄欖油	2大匙
陳年葡萄醋	1大匙
醬油	1小匙
鹽	⅓小匙
胡椒	少許

作法

❶馬鈴薯去皮，充分泡水後磨泥。洋蔥、蒜頭也磨泥。❷將A加入①中混合。

用於這些料理上
生菜沙拉、番茄沙拉等。

添加麻油和芝麻粉的中華風！

高麗菜調味醬

材料（少於1杯份）

高麗菜	100g
蒜頭	1片
A 麻油・白芝麻粉・醋	
	各1大匙
鹽	½小匙
胡椒	少許

作法

❶將高麗菜、蒜頭磨泥。
❷將A加入①中混合。

用於這些料理上
生菜、涼拌青菜、涼拌豆腐、水煮雞肉拌菜等。

享受甘薯的微甜滋味

甘薯調味醬

材料（約1杯份）

甘薯	80g
蘋果・洋蔥	各¼顆
A 亞麻仁油・蘋果醋	
	各2大匙
醬油	1小匙
鹽	½小匙
胡椒	少許

作法

❶將甘薯皮厚厚地削除，泡水後磨泥。蘋果連皮磨泥。洋蔥磨泥。❷將A加入①中混合。

用於這些料理上
生菜、清蒸蔬菜、煎豬肉片、煎白肉魚等。

生菜&水果沙拉食譜

Salad Recipes of fresh vegetables and fruits

介紹以生菜和水果組合成的、富含酵素的沙拉！
滿載可以吃到充足蔬菜的副菜食譜。

五彩繽紛的大分量沙拉！

奇異果番茄沙拉

材料（2人份）

奇異果	1顆
番茄	2顆
洋蔥	1/4顆
低脂白乾酪	3大匙
A 橄欖油	1大匙
檸檬汁	1小匙
鹽	1/3小匙
粗研黑胡椒	少許

作法

❶奇異果、番茄各切成2cm方塊。洋蔥薄切後泡水，擰乾水分。

❷將①、低脂白乾酪放進大碗裡，淋上調配好的A拌勻。

酵素 Point
含有蛋白質分解酵素「獼猴桃鹼」的奇異果沙拉，可添加在肉、魚料理中。番茄的茄紅素有強力的抗氧化作用，也能預防癌症。

蘋果芹菜沙拉

一併攝取發酵食品的韓式泡菜！

材料（2人份）

芹菜	1根
蘋果	½顆
韓式白菜泡菜	50g
A 麻油	1大匙
檸檬汁	2小匙
蜂蜜・醬油	各½小匙
鹽・胡椒	各少許
香炒白芝麻	少許

作法

❶芹菜去除纖維，切成細條狀。蘋果連皮切成細條狀。

❷韓式泡菜稍微切開，加入A中混合。

❸將①放進大碗中，用②拌合。裝盤，撒上炒過的白芝麻。

酵素_Point_
蘋果所含的蘋果酸具有產生乳酸菌的效果，和可改善便祕的發酵食品──韓式泡菜一起食用，更能整頓腸內環境。

香蕉萵苣沙拉

小茴香的味道營造出絕佳美味！

材料（2人份）

香蕉	1根
萵苣	50g
A 原味優格	3大匙
蒜泥	1小匙
鹽	½小匙
小茴香粉	½小匙
粗研黑胡椒	少許

作法

❶香蕉去皮，切成1cm寬的圓片。萵苣撕成容易食用的大小。

❷將①放入大碗中，淋上調配好的A拌勻。

酵素_Point_
香蕉含有碳水化合物分解酵素「澱粉酶」，不妨添加在白飯或是麵食中一起食用。

有魚露和萊姆風味的亞洲風沙拉

空心菜芽甜椒沙拉

材料（2人份）

空心菜芽		1包
紅甜椒		1顆
A	亞麻仁油・魚露	各2小匙
	蒜泥	¼小匙
	萊姆汁	1大匙
	紅辣椒（切成小段）	1小撮
	羅漢果糖漿	1小匙

作法

❶將空心菜芽的根切掉，甜椒切成細長條。
❷將①淋上調配好的A拌勻。

酵素*Point*

空心菜芽就是空心菜的新芽。芽菜類含有許多酵素。甜椒富含維生素C和β胡蘿蔔素，以及對燃燒脂肪有效的辣椒紅素。

陳年葡萄醋和番茄是絕配！

沙拉菠菜小番茄沙拉

材料（2人份）

沙拉菠菜	100g
小番茄	10顆
松子	1大匙
A 橄欖油	1大匙
陳年葡萄醋	1小匙
蒜泥‧鹽	各⅓小匙
胡椒	少許

作法

❶沙拉菠菜切成大片，小番茄去蒂，對半切開。

❷將①、松子放進大碗中，淋上調配好的A拌勻。

酵素_Point_

除了β胡蘿蔔素、維生素C之外，菠菜也含有豐富的鐵質。小番茄含有豐富的茄紅素，能預防癌症，也有減肥效果。

清脆的蔬菜很好吃！

白蘿蔔芽菜沙拉

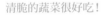

材料（2人份）

白蘿蔔	200g
芽菜(櫻桃蘿蔔等)	1包
A 麻油‧醬油‧醋	各1大匙
海苔絲	適量

作法

❶將白蘿蔔切成細長狀，芽菜的根部切掉。

❷將①放進大碗中，淋上調配好的A拌勻。裝盤，撒上海苔絲。

酵素_Point_

芽菜有各種不同的種類，任何一種都OK。白蘿蔔的消化酵素「澱粉酶」可促進澱粉的分解，不妨添加在涼麵等麵食中。

材料（2人份）

紅蘿蔔	2根
荷蘭芹（切碎）	1小匙
核桃	20g
A　橄欖油	1大匙
檸檬汁	2小匙
顆粒芥末醬	1小匙
蜂蜜	½小匙
鹽	⅓小匙
胡椒	少許

作法

❶紅蘿蔔刨成細絲。核桃壓碎。

❷將①、荷蘭芹放入大碗中混合，淋上調配好的A拌勻。

酵素 *Point*

紅蘿蔔含有豐富的β胡蘿蔔素，對美膚有效。核桃則含有豐富的亞麻酸（Omega-3）、亞油酸（Omega-6）等優質多價不飽和脂肪酸。

建議做好備用！

紅蘿蔔沙拉

材料（2人份）

沙拉葉菜	50g
葡萄柚	½顆
粉紅葡萄柚	½顆
A　橄欖油	1大匙
鹽	⅓小匙
胡椒	少許

作法

❶沙拉葉菜漂過水，變得鮮脆後，瀝乾水分。

❷葡萄柚、粉紅葡萄柚各取一半，剝除薄皮。

❸剩下的一半榨汁，和A混合。

❹將①、②放入大碗中，用③拌勻。

酵素 *Point*

葡萄柚有大量的酵素。使用2種葡萄柚，配色也很漂亮！

有豐富果汁的調味醬非常美味！

沙拉葉菜葡萄柚沙拉

美容效果多的黏稠沙拉！

酪梨納豆沙拉

材料（2人份）

酪梨	1顆
小番茄	10顆
納豆	1盒
A　亞麻仁油・檸檬汁	各2小匙
咖哩粉・蒜泥・鹽	各¼小匙
醬油	1小匙
羅漢果糖漿	½小匙
胡椒	少許

作法

❶酪梨去籽去皮，切成2cm的方塊。小番茄去掉蒂頭，對半切開。

❷將①、納豆放進大碗中，淋上調配好的A拌勻。

酵素*Point*

酪梨有排毒效果。富含納豆激酶的納豆則有清血效果！

清脆、嗆辣的風味讓人上癮

小黃瓜的莎莎醬風味沙拉

材料（2人份）

小黃瓜	1根
番茄	1顆
洋蔥	¼顆
荷蘭芹（切碎）	1小匙
A　橄欖油・檸檬汁	各1大匙
鹽	⅓小匙
塔巴斯哥辣醬・胡椒	各少許

作法

❶小黃瓜、番茄切成1cm方塊，洋蔥切成碎末，泡水備用。

❷將①放進大碗中，淋上混入荷蘭芹的A拌勻。

酵素*Point*

含鉀多的小黃瓜和茄紅素豐富的番茄可消除浮腫。辣味成分的硫化烯丙基可以清血，所以也能提高代謝！

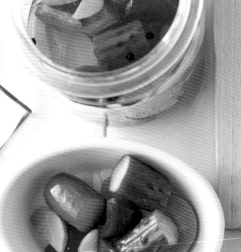

醋漬食品不僅有消除疲勞的效果，也能有效促使酵素活性化！
建議在午餐、晚餐都添加一道醋漬食品。

也可以多做一點，做為常備菜

小黃瓜、紅蘿蔔、甜椒的醃泡菜

材料（容易製作的分量）

小黃瓜	1根
紅甜椒	½顆
紅蘿蔔	¼根
A 白葡萄酒醋 · 水	各½杯
白葡萄酒	3大匙
羅漢果糖漿	2大匙
蒜頭（切成薄片）	½片份
紅辣椒（去籽）	1根
月桂葉	1片
鹽	⅓小匙
黑胡椒粒	1小撮

作法

❶小黃瓜切成3cm長，甜椒隨意切開，紅蘿蔔連皮切成半圓形。

❷將A混合後，入鍋煮沸一下，大略放涼備用。

❸將①放進清潔的保存容器裡，注入②進行醃漬。

＊保存容器請用玻璃罐或琺瑯等不易沾附氣味的容器，以熱水消毒後再使用。

【賞味期間】隔天開始約 1 星期【保存期間】放冰箱約 1 個月

酵素.*Point*
將含鉀豐富的小黃瓜、富含 β 胡蘿蔔素及維生素C的紅蘿蔔、甜椒用白葡萄酒醋進行醃漬。白葡萄酒醋的熱量比穀物醋和米醋還低，更為健康。

114

使用蜂蜜和檸檬來消除疲勞

蜂蜜檸檬漬白蘿蔔

材料（容易製作的分量）

白蘿蔔	300g
鹽	1小匙
檸檬	1顆
蜂蜜	5大匙

作法

❶白蘿蔔去皮後切成扇形，撒鹽後輕輕搓揉。

❷檸檬切成圓片狀。

❸將①、②放進保存容器中，加入蜂蜜。上面壓重物來醃漬。

【賞味期間】隔天開始約 3 天
【保存期間】放冰箱約 1 星期

酵素*Point*
加上檸檬片，可以活化白蘿蔔的酵素澱粉酶。由於也能充分攝取到維生素C，在預防感冒、美容上也是效果絕佳！

昆布的味道真美味！

柚子漬蕪菁

材料（容易製作的分量）

蕪菁	300g
鹽	1小匙
柚子	1顆
昆布	3cm見方1片
A　醋	3大匙
羅漢果糖漿	1½大匙
味醂	2小匙
紅辣椒(去籽)	1根

作法

❶蕪菁去皮，切成扇塊，放入保存容器中，撒鹽後輕輕搓揉，放置片刻。昆布稍微清洗後加入蕪菁中。

❷柚子榨汁，加入**A**中。將果皮內側白色的部分削掉後，切成細絲。加入①中，上面壓重物來醃漬。

【賞味期間】隔天開始約 3 天
【保存期間】放冰箱約 1 星期

酵素*Point*
用維生素C豐富的蕪菁和柚子來創造美麗肌膚。柚子的檸檬酸可以促進血液循環，提高代謝。也有助於疲勞的消除。

材料（容易製作的分量）

番茄	4顆
味醂	3大匙
A 淡色醬油・醋	各2大匙
昆布柴魚高湯	1杯
亞麻仁油・羅漢果糖漿・薑泥	各1小匙

作法

❶番茄去蒂，底部用刀劃上十字
刻痕後，稍微烘烤一下，過冷
水後將皮剝除。

❷味醂放入小鍋中，開大火，讓
酒精揮發後放涼，加入A中混
合。

❸將①放進保存容器中，注入
②。

【賞味期限】隔天開始約2天
【保存期限】放冰箱約5天

酵素_Point_
番茄除了含有豐富的β胡蘿蔔素、
維生素C之外，也含有茄紅素和芸
香素，可發揮強力的抗氧化作用。
經由醋漬更能提高威力！

大口咬下充滿昆布柴魚風味的番茄！

土佐醋漬番茄

材料（容易製作的分量）

高麗菜	300g
鹽	1小匙
A 白葡萄酒醋	150ml
顆粒芥末醬	1小匙
胡椒	少許
羅漢果糖漿	2小匙

作法

❶高麗菜切成5mm的寬度，放進
保存容器中，撒鹽後搓揉。

❷待水分被逼出，變得柔軟後，
加入混合好的A，上面壓重物
來醃漬。

【賞味期間】隔天開始約3天
【保存期間】放冰箱約1星期

酵素_Point_
高麗菜有豐富的維生素B群和C。尤
其是維生素C特別豐富，有美膚效
果，也有助於消除疲勞。對強化胃
腸有效的維生素U也很豐富。

白葡萄酒醋和顆粒芥末醬的風味是絕品！

德國酸菜風味

清脆的口感，美味的即席漬物

蘋果醋漬芹菜和高麗菜

材料（容易製作的分量）

芹菜	100g
高麗菜	200g
青紫蘇	5片
鹽	1小匙
A 蘋果醋	150ml
羅漢果糖漿	1小匙

作法

❶芹菜切斜片，高麗菜切成大塊。放進保存容器中，撒鹽後輕輕搓揉。

❷加進撕碎的青紫蘇，注入A，上面壓重物來醃漬。

【賞味期間】隔天開始約 3 天
【保存期間】放冰箱約 1 星期

酵素Point

對促進食慾、安定精神、頭痛等都有效的芹菜香味成分，以及高麗菜的多種營養成分可以提高免疫力。蘋果醋可促使新陳代謝活性化。

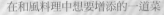

在和風料理中想要增添的一道菜

和風醃泡菜

材料（容易製作的分量）

白蘿蔔	150g
紅蘿蔔・芹菜	各100g
鹽	1小匙
昆布	3cm見方1片
A 醋	½杯
水	50ml
淡色醬油	1小匙
醋橘榨汁	1顆份
羅漢果糖漿	2小匙

作法

❶白蘿蔔、紅蘿蔔、芹菜切成四角棒狀。放進保存容器中，撒鹽後輕輕搓揉。

❷昆布稍微洗過後加入①中。

❸將A加入②中醃漬。

【賞味期間】隔天開始約 3 天
【保存期間】放冰箱約 1 星期

酵素Point

富含消化酵素澱粉酶的白蘿蔔，以及作為β胡蘿蔔素寶庫的紅蘿蔔，和香氣中含有效能的芹菜進行醋漬，可以清血，提高代謝能力！

蔬菜泥
濃湯食譜6

Soup Recipes of grated vegetables

將蔬菜磨泥，可以促使酵素活性化，發揮數倍的效果！
調合昆布柴魚高湯和濃湯，美味地享用吧！

清清涼涼的口感防止苦夏！

西班牙凍湯

材料（2人份）

番茄	2顆
小黃瓜	½根
洋蔥	¼顆
蒜頭	1片
橄欖油	1小匙
鹽	½小匙
胡椒	少許

作法

❶將番茄、小黃瓜、洋蔥、蒜頭磨泥，加入其他的材料混合。

酵素Point

將番茄、小黃瓜、洋蔥、蒜頭磨泥，可以讓各自的酵素倍增！
也可依個人喜好添加塔巴斯哥辣醬。

118

以黃豆粉和豆漿完成口感滑順的濃湯！

馬鈴薯冷湯

材料（2人份）

馬鈴薯	100g
A 高湯粉	½小匙
熱開水	1大匙
豆漿・水	各100ml
黃豆粉	3大匙
鹽	½小匙
粗研黑胡椒	少許

作法

❶馬鈴薯去皮後先泡水備用。

❷將①磨成泥，加入混合好的A
及其他材料拌勻。

＊黃豆粉是指將乾燥的黃豆磨碎製成
的超細粉末。

酵素*Point*

藉由磨泥來破壞組織，可以讓製
作可預防認知症的 γ-氨基丁酸
（GABA）的酵素與谷氨酸接觸，
讓GABA激增。

微微的甘甜讓人喜愛

甘薯濃湯

材料（2人份）

甘薯	100g
豆漿・水	各100ml
黃豆粉	3大匙
A 高湯粉	½小匙
熱開水	1大匙
鹽	½小匙
胡椒	少許

作法

❶甘薯將皮厚厚地削除後，泡水
備用。

❷將①磨成泥，加入混合好的A
與其他材料混合。

酵素*Point*

甘薯中含有名為「澱粉酶」的澱粉
分解酵素，可藉由研磨倍增！

以白味噌做出柔和的味道

蕪菁日式冷湯

材料（2人份）

蕪菁	200g
昆布柴魚高湯	150ml
黃豆粉	2大匙
白味噌	1大匙
淡色醬油	1小匙

作法

❶蕪菁切除葉子後，連皮一起研磨。

❷將其他材料加入❶中混合均勻。

酵素 Point

蕪菁是消化酵素很豐富的蔬菜。富含可幫助澱粉消化的「diastase」及幫助蛋白質消化的「amylase」等澱粉酶。

南瓜味噌濃湯

微甜的南瓜風味絕佳！

材料（2人份）

南瓜	100g
昆布柴魚高湯	150ml
豆漿	50ml
黃豆粉	2大匙
味噌	½大匙
淡色醬油	1小匙

作法

❶南瓜去皮後磨泥，加入其他材料混合均勻。

酵素Point
南瓜所含的「全草含煙胺（nicotianamine）」具有阿茲海默症的記憶改善效果。經過研磨，可進一步提高其效果。

芋頭豆漿味噌湯

濃稠的滑順口感

材料（2人份）

芋頭	100g
昆布柴魚高湯	150ml
豆漿	50ml
黃豆粉	2大匙
味噌	½大匙
淡色醬油	1小匙

作法

❶芋頭去皮後磨泥，加入其他材料混合均勻。

酵素Point
芋頭富含名為「黏蛋白」的複合蛋白質，裡面含有許多蛋白質分解酵素，有助於其他蛋白質的消化。

鶴見診療所原創
富含酵素的食譜

在此介紹的是鶴見醫師的診療所裡推薦的超級酵素食譜。
把它們加進每天的飲食生活中，促使代謝提高吧！

改善肩膀僵硬、腰痛、虛冷、消除疲勞！
超級黑醋茶

材料（容易製作的分量）

黑醋	1瓶(700ml)	辣椒	3根
醃梅	1～2顆	薑	30g
昆布	6g		

作法

❶在廣口玻璃瓶中放入黑醋、醃梅、昆布、辣椒、薑（切成適當大小），浸泡1～2日。

❷飲用時，取10～15ml的超級黑醋茶，以100ml的熱開水稀釋飲用。

加在蕎麥麵或白飯上，成為滋養強壯・營養滿分的一品！
強精酵素料理・黏稠雜拌

材料（2人份）

山藥（野生的最佳。長形或塊狀的皆可）		秋葵・黃麻菜・海帶芽株	各少許
	10～15cm	昆布（柔軟型）	5～7cm
納豆	30g	青蔥	8～10cm
蒜頭	2～3片	洋蔥	¼顆
薑	約3cm	黑醋・生味噌・醬油	各適量

作法

❶將山藥磨泥。納豆用菜刀敲扁，碾碎。

❷將秋葵、黃麻菜、青蔥、洋蔥、用水泡軟的昆布等切碎。蒜頭和薑磨成泥。納豆充分攪拌混合。

❸將除了納豆和調味料以外的材料加進山藥泥中，充分攪拌混合。

❹混合③和納豆，淋上將味噌溶於黑醋中的調味醬（醋味噌）後食用。也可依個人喜愛，加入醬油和黑醋食用。

和生味噌一起發酵，可以讓蔬菜的酵素力倍增！

發酵蔬菜

材料（2人份）

高麗菜	¼顆	B	醃梅肉	2顆份
茄子	1根		醬油	3小匙
洋蔥	½顆		亞麻仁油	½大匙
A	生味噌	1大匙		
	黑醋	3大匙		

作法

❶蔬菜切碎，儘量切細一點。

❷將已經調勻的A，以及梅肉切碎後拌勻的B加以混合。

❸將①和②的調味醬混合，充分揉搓後壓上重物。

❹在常溫下放置30分鐘至2小時，之後拿開重物，於冰箱中靜置1～16個小時。

※放置1～4天也OK。

❺從冰箱取出，適量盛在容器中，淋上亞麻仁油食用。

※醃漬的蔬菜也可以使用白菜、白蘿蔔、芹菜、紅蘿蔔等，和新鮮生菜一起食用更好。要領是要選擇當季的蔬菜。亞麻仁油富含α-亞麻酸，對身體非常有益。

增加腸內的好菌，提高免疫力！

超級優格

材料（2人份）

原味優格	1盒（450g）
水果1種	

（蘋果·柿子·梨子·草莓·哈密瓜·芒果·香蕉等）
約優格的一半至相同分量

作法

❶水果磨泥或切碎。

❷將①加入優格中，充分攪拌。放入保存容器中，蓋上蓋子，在常溫下放置6～14個小時。

❸放入冰箱冷藏，每天1杯，可吃2～3天。

外食時攝取酵素食物
的方法是？

想要過酵素飲食生活，最困擾的就是外出時和上班時的午餐時間了。
在此要為各位介紹不管在什麼地方，都能輕易攝取酵素的秘訣。

在便利商店·連鎖餐廳·
居酒屋攝取酵素食物的秘訣

外出時和上班時的午餐時間，基本上大多是以外食為主。雖然也可以選擇炸豬排定食或拉麵，不過若是要開始酵素飲食生活，即使是外食，最好也要聰明地選擇能攝取到酵素的料理或是食品。請掌握在便利商店、連鎖餐廳、定食屋的菜單選擇方法及組合要領吧！還有，也請熟記晚上在居酒屋有效攝取酵素的要領，享受愉快的酵素飲食生活吧！

在便利商店

選擇香蕉、蘋果
或是切好的水果！

最近的便利商店逐漸都改以生鮮食品為主流，可以買到香蕉或橘子、蘋果等水果，或是鳳梨之類切好的水果。建議在午餐前先吃水果，以便促進消化。

午餐選擇涼麵或是
雜穀米飯糰！

在此推薦的是山藥泥蕎麥涼麵或野菜蘿蔔泥蕎麥麵等。如果是冬天，就選擇有大量蔬菜的湯品或是關東煮。單點的配菜要盡量避免可樂餅或油炸食品，改以沙拉或醬菜、炒蔬菜為主。再加上雜穀米飯糰即可。

 炸雞肉串、可樂餅、油炸零嘴、巧克力等

加點生菜沙拉作為配菜

即使很容易偏向選擇單點的蓋飯或是三明治、咖哩等，還是要盡量有意識地加點蔬菜較多的配菜。最好是生菜沙拉，如果沒有的話，組合燉蔬菜或炒蔬菜、醋漬食品等也OK。

盡量選擇蘿蔔泥蕎麥麵或是山藥泥蕎麥麵

連鎖餐廳有很多看起來很美味的菜單。想要有效地攝取酵素食物，在日式連鎖餐廳或定食屋裡，不妨點生魚片定食、蒸籠蕎麥麵等。如果是西式菜單，建議選擇沙拉拼盤以及加了優格的甜點。

 拉麵、炸豬排蓋飯、雞肉蛋蓋飯等單品料理

下酒菜要多選擇蔬菜棒和醃泡菜、醃漬食品等

在居酒屋點第一道小菜時，以富含酵素的蔬菜沙拉或蔬菜棒、醃泡菜、醃漬食品、韓式泡菜等發酵食品為佳！生魚片拼盤也是生食，所以能充分補給酵素。至於酒精類，比起啤酒，建議選擇葡萄酒或是燒酒。

選擇肉和魚少一點、蔬菜較多的鍋物較安心！

如果要在居酒屋內靜靜地喝酒，建議選擇蔬菜較多的鍋物。夏天時，泡菜鍋或韓式火鍋等辛辣味的鍋物、咖哩鍋或番茄鍋等也很不錯。添加蘿蔔泥可以促進消化！沾醬可以添加薑和蒜泥、蔥花等。

 只吃披薩、油炸物、焗烤料理、烤雞肉串等加熱食物是不行的！

作者

鶴見 隆史

1948年生於石川縣。鶴見診療所院長。金澤醫科大學畢業後，在濱松醫科大學擔任研究工作。不以西方醫學為滿足，也鑽研東方醫學（中醫）、針灸、肌肉診斷法、飲食養生等。

致力於結合西方醫學和東方醫學、以病人為優先的「治病醫療」。

從1990年代後半開始，和活躍於美國休士頓的酵素營養學博士（瑪瑪度醫師、費拉醫師）密切交流，學習酵素營養學，並推廣到日本。

認為「疾病的原因在於酵素的浪費以及酵素不足的飲食生活」，指導病患進行鶴見式半斷食、酵素飲食，將酵素營養學應用在許多難治性病患的治療上。

著作有：《「酵素」が免疫力を上げる！》（永岡書店）、《朝だけ！酵素ジュースダイエット》（每日Communications）等多數。

料理・擺盤

牛尾 理恵

營養師。師事料理研究家之後，歷經料理專門製作公司而獨立。

在能夠於日常飲食生活中實踐、容易製作又深具滋味的食譜上，素有定評。

著作有：《圧力鍋でつくるおかずの感動レシピ》、《基本とコツがきちんとわかる おせち料理とほめられレシピ》（成美堂出版）、《野菜がおいしいタジン鍋》（池田書店）等多數。

日文原著工作人員

攝影●松島均

設計●原てるみ 坂本真理 岩田葉子
　　　星野愛弓(mill design studio)

編輯・構成・撰文●丸山みき(SORA企劃)

編輯助理●根津礼美(SORA企劃) 塚田貴世

插圖●宮原葉月

英文校正●橫手尚子

企劃・編輯●成美堂出版編輯部(森香織)

國家圖書館出版品預行編目資料

超級酵素食物&果汁食譜 / 鶴見隆史著；彭春美譯.
-- 二版. -- 新北市：漢欣文化, 2020.04
128面；21X15公分. --（簡單食光；2）
譯自：超・酵素フード&ジュースレシピ
ISBN 978-957-686-791-0(平裝)

1.酵素　2.食療

399.74　　　　　　　　　　　　　　109003252

簡單食光 2

超級酵素食物&果汁食譜（暢銷版）

作　　者 / 鶴見隆史
料　　理 / 牛尾理恵
譯　　者 / 彭春美
出 版 者 / **漢欣文化事業有限公司**
地　　址 / 新北市板橋區板新路206號3樓
電　　話 / 02-8953-9611
傳　　真 / 02-8952-4084
郵 撥 帳 號 / 05837599 漢欣文化事業有限公司
電 子 郵 件 / hsbookse@gmail.com
二 版 一 刷 / 2020年4月

本書如有缺頁、破損或裝訂錯誤，請寄回更換

CHOU・KOUSO FOOD & JUICE RECIPE
© TAKASHI TSURUMI 2012
© RIE USHIO 2012
Originally published in Japan in 2012 by SEIBIDO SHUPPAN CO.,LTD.
Chinese translation rights arranged through TOHAN CORPORATION, TOKYO.,
and Keio Cultural Enterprise Co., Ltd.